HOW TO GROW YOUR OWN TEA

お茶の教科書

小泊重洋　著

ジュピター書房

はしがき

　我が国最大の茶産地である静岡県では、この二十年間にお茶農家は四分の一に、栽培面積と荒茶生産量は三割減少した。生葉と荒茶を合計した茶産出額に至っては七割近くも減っている。さらに最近は、生産地の茶価の下落が激しく、生産費高騰もあって農家の経営は危機に瀕している。ある茶産地では八割の農家が自分の代限りと言い、その半分は明日にでもやめたいと言っている。雑草の生い茂った放任茶園を方々で目にする。農家の高齢化と後継者難によるが、根本には日本人の茶離れがある。たしかに世帯当たりの支出金額はさほど減っていない。問題はその中身である。ペットボトル飲料が六割以上を占めるようになった。以前のように茶葉を急須に入れて茶を入れる人は少なくなり、急須を持たない家庭も多い。このような消費の実態が生産に反映し、安価なペットボトル原料茶が求められ、比較的小規模な良質茶産地では生活が立ちいかなくなっている。対策として、海外への販路拡大や紅茶、抹茶など茶種の多様化を図ろうとしているが、やはり、もう一度日常生活の中にお茶を取り戻すことが必要である。

　お茶は、人類と共に 5000 年の歴史を持つ。なぜ人はお茶を必要としてきたのか。健全な心身を保つためにお茶の持つ機能性が認識されたからであろう。自然界、人界ともに不安定な昨今、再度お茶の効能に目を向ける必要がある。

　お茶を身近なものとして再度意識する手立てに、お茶の木に注目したらどうだろうか。長年人類と共存してきただけに、お茶の木は、明らかにほかの植物とは違うものを持っている。まずは、家庭に一本、あるいは公園や垣根にお茶の木を植えることを勧めたい。ペットより手間がかからず日々に潤いを与えてくれる。同時に、お茶を口にする DNA が呼び覚まされることだろう。生活の中に喫茶の風習が復活することを願う。

本書執筆の機会を与えてくださったジュピター書房に感謝すると共に、種々お手伝いいただいた元静岡県茶業研究センター後藤昇一氏、鈴木康孝氏に御礼申し上げます。

小泊重洋

CONTENTS

© Sachiko.K

2章　植付けから茶摘みまで

3章　家庭でできるお茶の作り方

01
基本用語と予備知識

01 基本用語

　お茶は長い歴史に加え、生活に密着しているだけにいろんなお茶ならではの言葉がある。例えば、"煎茶"は、昔は煎じ茶を指した。"番茶"は、いまでもさまざまに使われる。生産統計上あるいは学術用語として一応の定義があるが、ほうじ茶など下級茶をすべてひとくくりに番茶というところもある。新芽を摘む"摘採"という言葉は普通の辞書には見当たらない。以下に、お茶特有の用語を解説する。これらは、『茶の科学用語辞典』（日本茶業技術協会編・1999）に準拠するが若干補足も加えてある（あいうえお順）。

▼ 浅刈り―アサガリ―
成葉が残っている程度に浅く刈り払うこと（図1）。

▼ 雨落ち部―アマオチブ―
樹冠（茶株表面の枝や葉が茂っている部分）外縁下の土の表面（図2）。

▼ 一番茶―イチバンチャ―
越冬後最初に新芽を摘採した生葉およびその製品。作物統計上は3月10日から5月31日までを一番茶としている。

▼ 一心二葉―イッシンニヨウ―
一つの心と二枚の新葉のこと。一心三葉など（図3）

▼ うね（畝）―ウネ―
茶園の場合には植えられている茶樹の列を言う。茶うねともいう。うね幅、うね間（図2）

▼ 栄養繁殖 ―エイヨウハンショク―
枝や根などを使って無性的にふやすこと。無性繁殖ともいう。挿し木やとり木。

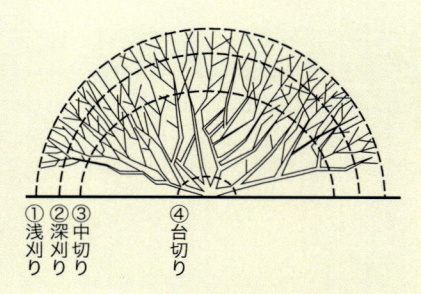

図1　せん枝の種類
原図：大石

①浅刈り ②中刈り ③深刈り ④台切り

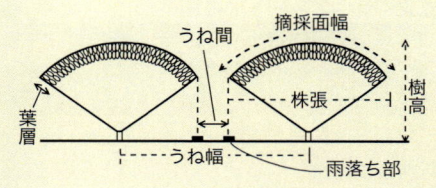

図2　茶うねの名称
原図：大石

うね間　摘採面幅　樹高　株張　葉層　うね幅　雨落ち部

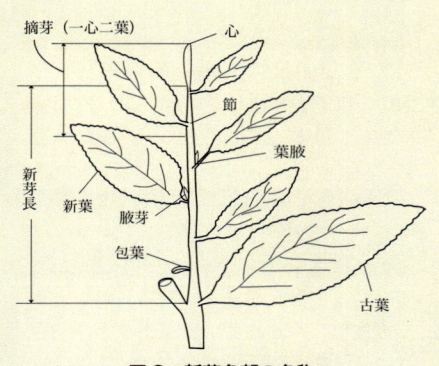

図3　新芽各部の名称
原図：大石

摘芽（一心二葉）　心　節　葉腋　腋芽　新葉　包葉　古葉　新芽長

園相―エンソウ―

欠株や気象災害、病虫害の有無、さらに葉色、葉量、樹勢など木の活力を含めた茶園の状態。

覆い下茶園 ―オオイシタチャエン―

玉露、てん茶用の原料を得る茶園。一番茶の萌芽後摘採までの一定期間をむしろ、わら、よしず、化学繊維資材などで覆って日光を遮り（遮光率95％前後）、新芽を軟化させて栽培する園。

遅れ芽―オクレメ―

摘採または整枝後に遅れて樹冠面上に生長してきた新芽。

開葉期―カイヨウキ―

無作為に選んだ新芽の70％が第一葉を開いたとき（葉が展開して中央脈が全部見えたとき）。一葉開葉期と同じ。

芽重型―ガジュウガタ―

一芽当たりの重さが新芽数よりも収量に大きく影響している品種や茶園の状態。

芽数型―ガスウガタ―

芽数が新芽重よりも収量に大きく影響している品種や茶園の状態。

活着―カッチャク

挿し木、接ぎ木、移植などした植物が根付いて生長すること。

かぶせ茶 ―カブセチャ―

茶芽の生育期に、摘採前の1～2週間、よしず、化学繊維資材などをかぶせて日光を遮り（遮光率50%程度）、特有のかぶせ香をつけた生葉を摘採製造した茶。冠茶とも書く。

株張り ―カブハリ―

うねの裾から裾までの水平距離。幼木では最も広い部分を計測する（図2）。

釜香 ―カマカ―

釜炒り茶特有の香気。

刈番 ―カリバン―

一番茶又は二番茶の摘採後、製茶することを前提に摘採面を整枝して採った茎および葉。それを製茶したものを刈り番茶という。

寒害 ―カンガイ―

冬の寒さによる被害の総称。発生部位や症状により、凍害、寒干害、寒風害、裂傷型凍害、サメ肌症凍害などに区分される。

寒冷紗 ―カンレイシャ―

糸状あるいはひも状の化学繊維を網目状に織ったもの。目の粗さ（番数）や色（黒、白など）で使い分ける。品質向上や防霜、防寒用に被覆資材として用いられる。

客土 ―キャクド―

土の理化学性を改良するため、適当な他の土を投入すること。

耕種的防除 ―コウシュテキボウジョ―

摘採、整せん枝、施肥、品種などを利用して病害虫の発生環境を不良にし、病害虫の発生を抑制する方法。

こわ葉 ―コワハ―

摘採適期を過ぎて硬化した葉のこと。古葉とは区別して新葉だけにいう。硬葉とも書く。

細根 ―サイコン―

分枝した側根の末端の細い部分（径2mm以下の木化していない根）をいう。白色根、小根、白ねともいう（P25、写真22）。

再生芽 ―サイセイガ―

切り戻しやせん枝後に、枝条、幹などから再生してくる新芽。凍霜害などの被害芽から再生してくる新芽もいう（写真1）。

在来種 ―ザイライシュ―

各地方において古くから栽培され、組織的な育種の手が加えられていない品種。

写真1　再生芽（不定芽）

殺青―サッセイ―

茶葉中の酵素を失活させること。主に釜炒り茶製造の炒り葉操作のことを指すが、最近は、広く酵素を失活させることに使われる。

サメ肌症凍害―サメハダショウトウガイ―

厳寒期に強い凍害を受け、枝幹部の表皮が松皮状にひび割れを示す凍害。軽い場合は形成層が褐変する程度であるが、ひどいときはその枝が枯死する。

仕上げ茶―シアゲチャ―

荒茶を再製し、外観や香味を整えて商品として完成させた茶。

自然仕立て―シゼンジタテ―

自然の木の形を生かして、一定の形に整えること。手摘み園など。

秋冬番茶―シュウトウバンチャ―

晩秋および初冬に樹形を整えるために刈り取った原料で製造する下級茶。

条間―ジョウカン―

複条植えの場合の同一うね内の列の間隔。あるいは挿し木をする際の列と列との間隔。

心―シン―

新芽の未展開の頂芽をいう（図3）。

深耕―シンコウ―

うね間の土の物理性を改善し、根が養分や水分をよく吸収できるように深さ30cm程度に深く耕すこと。

すそ刈り―スソガリ―

摘採や管理作業を行いやすくするため、茶株の不要なすそ枝を刈り取ること。

整枝―セイシ―

新芽を摘採したのち、遅れ芽などを除去し、次の茶期の新芽の生育をそろえたり、摘採時に古葉や木茎が混入しないように、摘採面の凹凸を平らに刈りそろえ均一にすること。"株ならし"ともいう。

生物的防除―セイブツテキボウジョ―

天敵昆虫、天敵微生物、拮抗微生物などの生物を利用して病害虫を防除すること。

浅耕―センコウ―

施肥や除草の際に、うね間の土の表面を深さ5cm程度に、根を傷つけないようごく浅く撹拌すること。

写真2　千鳥植え

せん枝―センシ―

茶の木の仕立てや更新を図るため、摘採面より下で枝、幹を切り取ること。その程度により、浅刈り、深刈り、中切り、台切りなどがある（図1）。

写真3　出開き

台切り―ダイギリ―

地際あるいは地上10cmくらいのところで切るせん枝法（図1）。

千鳥植え―チドリウエ―

苗木の植え方で、二列に植える複条植えのひとつ。うねの中心より10～15cmくらい離して左右交互に植える。現在一般化している植え方（写真2、P46図13）。

出開き―デビラキ―

連続的な新葉の展開が終わり、止葉（とめば）が出現した状態。新葉の展開が一時的に休止する。一定面積内の出開き芽の割合を出開き度（％）といい、摘採適期判断の目安にする（写真3）。

中耕―チュウコウ―

うね間の土を深さ5～15cm程度に耕すこと。土を軟らかくすることと除草を目的に行う。

天地返し―テンチガエシ―

表土と下層土を反転混和すること。通常、下層土の性質が表土より優れる場合に行われる。

直接被覆―チョクセツヒフク―

棚や骨組みを作らず樹冠面に直接被覆資材をかけること。直がけ（じかがけ）ともいう。

取り木―トリキ―

親木の枝を曲げて土中に埋め、発根後、母樹から切り離して苗木とする繁殖法。圧条法ともいう（図4）。

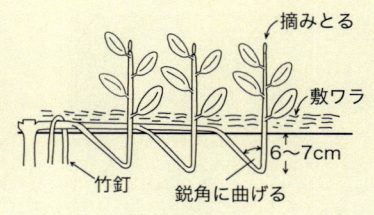

図4 取り木
原図：大石

二条植え―ニジョウウエ―

複条植えの一種で、二列に一定の間隔で並木状に植えて、一つのうねを作る。並木植ともいう。

二段摘み―ニダンヅミ―

機械摘みの一方法で、まず新芽の長さの2/3～1/3を摘採し、摘み残したものを同日か翌日に再度摘採する方法。上段は手摘みに近い良質の生葉が得られ、下段も比較的良質な茶が取れる。

二度摘み―ニドヅミ―

機械摘みの一方法で、第一回目の摘採は出開き度30～40%で行い、その後数日経過後に第二回目の摘採を行う方法。

苗齢―ビョウレイ―

挿し木後定植までの苗の経過年数を言い、1年3カ月未満を一年生苗といい、1年3カ月から2年3カ月までを二年生苗という。

品種―ヒンシュ―

特定の遺伝子により特徴づけられた生物集団で、実用的な形質で区別される。一定の育種目標に従って人為的に育成されたものを育成品種といい、在来種と区別する。

深刈り―フカガリ―

摘採面から10～20cm低く、摘採面に成葉が残らない程度に刈りそろえること（図1）。

古葉―フルハ―

前茶期およびそれ以前の葉。成葉は生育が完了した葉として区別する（図3）。

萌芽―ホウガ―

芽が包葉を脱いで生長を始めること。芽長が包葉の約二倍の長さになった時を萌芽とする。更新園や自然仕立て園では包葉の長さが左右で異なる場合が多いが、その時は両方の平均的位置で判定する。萌芽率が70%に達した日を萌芽期とする（写真4）。

包葉―ホウヨウ―

芽を包んでいる扁平な葉のうち比較的大型のもの。芽が展開したのちに脱落する。"霜かぶり"ともいう（写真4）。

ぼかし肥料―ボカシヒリョウ―

米ぬか、油粕、骨粉、鶏糞など有機質の肥料を主体として配合し、好気的に発酵させた肥料。有機物の分解初期にできる有機酸（酢酸など）等による根の生育障害を回避するため事前に発酵処理を行う。

実生―ミショウ―

種子から発芽した幼植物。これを育てたものを実生苗という（写真5）。

芽出し肥―メダシヒ―

3〜4月の新芽の出る直前に施す肥料。新芽の発生を促すことが主目的で、春肥施用後の追肥として尿素など速効性の窒素肥料を施すことが多い。

薬臭―ヤクシュウ―

製品の茶に感じられる薬物様の匂いの総称。茶園に散布した農薬が葉に残った場合に感じられる。

葉層―ヨウソウ―

樹冠の葉のついている部分で樹冠面から着葉の最下層部まで（図2）。

緑肥―リョクヒ―

植物体をそのまま土に埋め込み、土中で分解させて作物に養分を与えることを目的に施す植物。マメ科植物を使うことが多いが、青刈りの雑草も有効。

包葉

写真4 萌 芽

写真5 実 生

裂傷型凍害 ―レッショウガタトウガイ―

初冬あるいは早春の形成層の活性が高い時期に急激に気温が低下したため幹や枝の一部に裂傷が生じる凍害。軽い場合は内部が褐変するだけであるが、強度の場合は樹皮が環状にはがれ、徐々に枯死する。

わらがけ―ワラガケ―

芽の硬化防止や防霜のため茶株上に直接または間接にわらで被覆すること。

写真6　在来種園（1972年）

写真7　品種園（現在）

表1　緑茶に含まれる主な成分と含有量

成分名	含有量（％）	成分名	含有量（mg/100g）
カテキン類（遊離型・エステル型）	8〜20	ビタミンC	100〜500
		葉酸	1〜1.5
カフェイン	2〜4	ビタミンB類	8.4〜17
アミノ酸類（テアニン・アルギニン・グルタミン酸・グルタミン・アスパラギン酸・セリン・他）	0.7〜6.5	カロテン（ビタミンA）	10〜30
		ビタミンE	20〜80
		ビタミンK	1〜4
		ユビキノン	5〜15
糖類（ショ糖・果糖・ブドウ糖）	1.2〜4	カリウム	1000〜2500
		カルシウム	200〜1000
食物繊維	25〜50	マグネシウム	100〜250
クロロフィル関連物質	0.3〜1.4	リン	200〜600
その他		マンガン	8〜100
シュウ酸	0.5〜1.5	亜鉛	1〜8
サポニン	0.2〜0.3	フッ素	5〜40
キナ酸	1〜2	アルミニウム	20〜430
		鉄	7〜20
		銅	1〜2

02

チャとは

　生物は、界、門、綱、目、科、属、種の七つの段階に分けられる。これに従うと、チャは、植物界、被子植物門、双子葉植物綱、オトギリソウ目、ツバキ科、ツバキ属になる。特有の成分を持つ生葉を収穫し、これを原料として"茶"が作られる。以前は、植物を示す場合も製品も"茶"で表していたが、昭和50年ごろから学会などで混乱を避けるため、植物を示す場合はカナで"チャ"、製品を表すには漢字で"茶"を用いるようになった。ただ、茶葉（ちゃよう）、茶芽（ちゃが）、茶園のような熟語では、植物関連の使用でも"茶"を用いる。

　なお、麦茶、どくだみ茶、柿の葉茶、トウモロコシ茶、昆布茶など、茶以外のものを原料とするにもかかわらず茶と呼ばれるものがある。ルイボスティー、ハーブティーなど海外でも同様である。葉や花、実などを乾燥し、煎じて飲むものは総じて茶と言われている。それだけ茶が人にとって身近な飲み物という証拠である。中国ではこれらを茶外茶という。

　チャは学名を、カメリア・シネンシス（*Camellia sinensis*(L.)O.Kuntze）という。変種として中国種とアッサム種がある。中国種は、中国東南部と日本で古くから栽培され、19世紀以後、インド、インドネシア、トルコなどにも広がった。アッサム種は、1823年以来、インドのアッサム、ミャンマーなどで発見され、中国西南部をはじめ、広く紅茶産地で作られている。両種を比較すると、アッサム種は大きく、樹高が10mを超すものがあるのに対して、中国種は4m未満である。葉の大きさもアッサム種が大きく、中国種は小さい。耐寒性は中国種が強くアッサム種は弱い。日本では、九州南部の無霜地帯をのぞきアッサム種を屋外で育てることは難しい。成分にも違いがあり、カテキン類はアッサム種が25〜30%含まれるのに対して中国種は13〜17%である。したがって、アッサム種で緑茶を作ると極めて苦渋味の強い茶になる。香気成分ではアッサム種にはゲラニオール（新鮮なバラの花香）が多く、中国種にはリナロール（スズラン系の花香）が多い。酵素活性にも

強弱があり、一般的にアッサム種は強く、中国種は弱い。そのため、酸化発酵促進により香りや味に特徴が出る紅茶にはアッサム種が適し、反対に発酵がマイナスに働く緑茶には中国種が適している（写真 8、9、10）。

　なお、中国の山野に自生する大茶樹は、カメリア・タリエンシス（写真 11）、カメリア・クラシコルムナなどというチャの近縁種で、樹高 10m 以上、中には 20m を超すものもあり、さらに樹齢 2000 年以上というものもある。これらはチャと同様の成分を含み、現地ではこの芽を摘んで茶として飲まれている。

写真 8　韓国・河東の野生茶樹（中国種）

写真 10　やぶきた原樹（中国種）

写真 9　ラオス・コーメ村の野生茶樹林
**　　　　（アッサム種）**

写真 11　錦秀茶王（中国・臨滄市の大茶樹）
樹齢 3200 年、樹高 10m、（撮影：上野光子）

03 茶樹の歴史

01 チャの起源

　チャの木の起源はどこか、多くの人が関心を持つ。1823 年、イギリスの陸軍大佐ブルースがインド・アッサムの山中で大型のアッサム種を発見して以来、中国にある小型の中国種との差が大きいことから、インド東北部と中国の二つの原産地が想定された。しかし、中国々内の調査が進むにつれ、中国西南部にはいろいろな形態の茶樹があることがわかった。" 発生地に近いほど多様性に富み、末端に行くに従って変異の幅が小さくなる " というヴァヴィロフの理論にも当てはまり、さらに過去の地殻変動や多様な気候、熱帯・亜熱帯植物の大温床地であることなどから、現在では、雲南省南西部が茶樹起源の中心地とする説が有力になっている

02 日本茶の起源

　日本のチャはもともと国内に自生していたのか、中国から渡来したものか、多くの議論がなされてきた。我が国で最初に克明なヤマチャの調査を行った谷口熊之助（1882 ～ 1956）は、" 明治以前の我が読書人は当時の茶樹も製茶法も喫茶の様式も支那伝来のものと確信していたようである。上代より何事も著しく隣邦文明の影響を受け、唐物でなければ夜が明けぬ時代にあっては誠に已を得ぬことであった " と記しつつ、チャは有史以前から我が国に繁茂していた固有の植物としている。歴史は時代を反映して変化する。1900 ～ 1950 年代には、このように山野に自生するヤマチャを根拠に日本には天然、自然

の茶樹があったとする自生説が主流を占めた。当時の国情も微妙に影響していたのかもしれない。1950年代後半から、精力的なヤマチャの調査研究が進み、日本のチャと中国のチャは極めて高い類似性を持ち、中国からの渡来によるとされるようになった。その後、DNA解析など新しい手法も取り入れられ、日本の在来種は中国由来であり、ヤマチャも日本固有の系統として独自のものではなく、導入された中国種の一部が野生化したものと言われるようになった。少なくとも現存するチャは中国渡来のものとされている。しかし、いつ、どこから誰によってもたらされたかは明らかではない。最澄（805年唐から帰朝）、空海（806年唐から帰朝）、栄西（1191年宋から帰朝）など歴史上の著名人が持ち帰ったとも言われるが、あくまでも俗説である。それよりはるか前に渡来したと考えられる。

　考古学的視点からチャの化石を根拠に自生説を唱える動きもある。大正15年、徳島市徳島浄水池遺跡から縄文・弥生混合期のチャの実の化石が出土し、昭和15年には埼玉県岩槻市の真福寺遺跡からも縄文晩期のチャの実の化石が発見されている。真福寺遺跡のチャの実については、本田政次、近藤萬う太郎といった植物分類学や種子学の権威がチャの実と鑑定している。縄文晩期は今から3000年以上前に当たり、この頃には、焼畑により雑穀類の栽培も行われていたようだ。この時出土したヒエ、アズキなどと合わせて、これらの植物は当時すでに栽培ないし利用が行われていたのではないかといわれる。先年、中国・浙江省田螺山遺跡（写真12）で発掘された約6000年前のチャとみられる栽培跡地が事実とすれば、早い時期に水稲栽培技術（約3000年以上前）とともに中国から渡来したことも考えられる。さらに、化石として有名なウベチャノキ（*Theaubensis*）の発掘がある。昭和45年（1970）に山口県宇部市の炭田から茶の葉の化石が出てきた。古第三紀始新世紀後期の層からのもので、三千数百万年前のものということになる。しかし、10万年ごとに訪れる氷河期を考えると、はたして、その子孫が後代まで継続し、自生茶の祖先でありえたか疑問である。

写真12　中国田螺山遺跡（チャの株）
撮影：岩間眞知子

04 チャの特性

01 チャの適地と気象条件

　亜熱帯地方を原産地とするチャは、南緯45度〜北緯45度の範囲にある多くの国々で栽培されている。好適な土の物理性として、水はけや通気性がよく、十分に根を張るだけの膨軟さが求められる。これは、一般の作物と同じであるが、どちらかというと過湿を嫌い、水田転換畑や粘土質で水はけの悪い所、下層に岩盤がある所で生育が悪くなる。逆に岩山や河原などでも水はけのよいところでは自生茶が見られる。チャは酸性土壌を好む特性がある。一般の作物の好適酸度がpH6〜7であるのに対し、チャはpH4.5〜5.5と、酸性の土でよく育つ。日本では多くが酸性土壌なので問題はないが、野菜畑や果樹園など酸度を矯正した跡地や、野菜や果樹などと混植すると育たないことがある。

　チャの生育には気象要因の方が影響する。特に冬の低温が制限要因となり産地が限定される。日本では、経済的産地の北限は茨城県（奥久慈茶）と新潟県（村上茶）を結ぶ線あたりとなる。農家の副業や自家用程度に茶が作られている北限は、秋田県能代市（檜山茶）、岩手県陸前高田市（気仙茶）（写真13）などである。さらに栽培の北限は青森県黒石市とされている。例外的には、北海道積丹半島古平町の禅源寺の庭にあるチャの木（写真14）が植樹の北限といわれているが、最近、北海道虻田郡ニセコ町で、"北限のお茶プロジェクト"として、大々的な茶園づくりが始まっている（写真15）。

　栽培に適した気象条件として、① 年平均気温が12.5〜13.0℃以上、最低気温が−11℃以下にならず、樹体温度が長時間−15℃以下にならないこと、② 平均気温5℃以上の日数が210日以上あること、③ 年間の降水量は1,300〜1,400mm以上が必要で、そのうち生育期間（4〜10月）に1,000mm以上が確保できること、が求められる。さらに経済作物としては、新芽生育期の霜、雹、強風なども収量や品質に大きく影響するのでその有無も

考慮する必要がある。特に晩霜の害は大きく、単に平均気温だけから適地を判断して失敗した事例もある。

写真 13　気仙茶（岩手県陸前高田市）

　一般に気象がやや寒冷、あるいは日較差のやや大きい標高の高い河川流域が名茶産地となっている。特に香りが優れる。昼間の気温が 15 〜 20℃、夜間の気温が 10℃内外の一番茶で品質が良く、日中の温度が 25 〜 30℃、夜温が 20℃を超す三番茶などではタンニンが増し、緑茶には不向きになる。しかし、紅茶には適する。

写真 14　北海道古平町禅源寺の茶樹
撮影：瀬川良明

写真 15　北海道ニセコ町の大規模茶園
写真提供：ルピシア

02

チャの強靱性

　焼き畑や山火事の後、最初に芽を出すのはチャの木だといわれるほど強靱な再生力を持っている。地上部が障害を受けても根が残れば再生する。チャの栽培で、年数がたって勢いがなくなると更新という手だてを講じ、木の若返りを図る。細い枝をすべて切り取る“深刈り”や“中切り”だけでなく、地上部を地際から全部切り取る“台切り”のような処理を行うこともある。このような“台切り”でも残った株から芽が出て、何年かすると元の園相に戻る。チャは耐陰性も強く、日光の当たらない山林中でもよく見かける

写真 16　杉林の中の野生茶樹

写真 17　白葉茶

写真提供：安間孝介

（写真 16）。遮光下では、葉緑素が増えて緑色が増し、葉は薄くなるが、大きく、葉質も柔らかくなる。成分にも変化がみられ、苦渋味のもとになるカテキンが減り、旨味に関係するテアニンが増える。この特性を利用して、人為的な被覆栽培により玉露や碾茶が作られる。さらに最近は、強度の遮光により新芽を白化させ、苦渋味が少なくうま味の強い特殊な茶（白葉茶）が作られたりしている（写真 17）。ただし、このような人為的な遮光は樹体に悪影響を及ぼす。

03 自家不和合性

　普通、栽培植物の多くは自分の花粉が自身の雌しべについて受精が行われ種子ができる。イネのように何もしなくてもたわわに実る。しかし、チャでは、同じ花はもとより、隣の花や異なる枝の花でも、同じ品種の花である限り、雄しべと雌しべをくっつけても、ほとんど結実しない。庭先に一株の"やぶきた"を植えておいても、花は咲くがほとんど実はならない。これを自家不和合性（他花受粉性）といい、チャ以外では、キャベツ、ハクサイ、ダイコン、ナシ、オウトウ、クローバー等が知られている。しかし、遺伝的に異なる品種や実生株の花との交配であれば実ができる。このことは、チャの種子には、必ず他の遺伝子が入っていることになり、種子をまいても親と同一のものにはならない。"やぶきた"から取った種子を播いても純粋な"やぶきた"にはならず、"やぶきた"の実生園にはさまざまな株が混在している。同じものを得るためには栄養繁殖すなわちクローンを作るため挿し木や取り木によらなければならない。

05 各部位の特性

芽と葉

　茶は新芽を摘み取って利用する。頂芽と側芽（葉腋にできる芽）と不定芽（頂芽、側芽以外のところからでる芽）があり、頂芽を摘み取ったりあるいは頂芽に何らかの障害があると側芽が伸びる（写真18）。一般の茶園では、秋や春に整枝を行い頂芽がのぞかれるので、一番茶芽は側芽が主になる。芽は、外側に1〜2枚の包葉があり、内部には5〜7枚の葉の原基ができている。包葉は細胞分裂機能を失っているので新芽が伸び出すと脱落する。開葉し始めると、ほぼ5日に一枚の割で葉が開き、4〜7枚開くと出開いて、いったん生育が止まる（P29、写真37）。葉は拡大し、厚さや硬さを増し緑色が濃くなる。上位の葉ほど柔らかく、アミノ酸、カフェイン、カテキン類などが多い。一方、糖分は下位の葉ほど多い。カテキン類には、苦味を呈する遊離型カテキン（エピカテキン、エピガロカテキン）と苦渋味を呈するエステル型カテキン（エピカテキンガレート、エピガロカテキンガレート）とがある。遊離型カテキンは芽の生育につれ、徐々に増加するが、エステル型カテキンは、初期に多く、生育に伴い急速に減少する。早い時期の上級茶で渋みを強く感じることがあるのは、このような成分の違いによる。茎には、苦味のあるカフェインやカテキン類などは少なく、アミノ酸、糖分は葉より多い。そのため、茎茶は苦渋味が少なく、甘みがあるため飲みやすい。その他葉位ごとの成分特性は次ページの表2の通りである。

　芽は、一、二、三番茶とも夜の方が多く伸びる（図5）。ただし、一番茶で夜間気温が低いときはほとんど伸びない。

頂芽

側芽

写真18　頂芽と側芽

一番茶芽の生長は、二、三番茶に比べて緩やかで、出開きの進行も遅い。さらに芽伸びも良い。これはこの時期に温度が低くさらに日較差も大きいこと、加えて蓄積養分が多いことによるものである。

　葉の形や大きさ、色は、種類や品種、肥培管理や遮光によっても違ってくる（写真19）。一般的に、中国種は葉長5～8cm、葉幅2.5～4cm、アッサム種は葉長9～30cm、葉幅4～15cmと大きく、先端が細くとがっている（写真20）。芽や若い葉の裏には毛じがあり、成熟するとなくなる。お茶を入れたとき、表面にホコリのような物が浮いていることがあるが、これは毛じであり、上級茶の証しでもある。葉の寿命は約1年で、一番茶芽が生長を停止し硬化する5月下旬から6月中旬に前年の葉が落ちる。秋にも小さな山があるが、これ以外の落葉は乾燥や褐色円星病（緑斑病）（P64、写真94）による異常落葉とみられる。ただ、鉢植えなどで新陳代謝が不活発な条件下では、葉が一年以上残る場合もある。新しい葉が出ることによって、古い葉の役目が終わり落葉する。

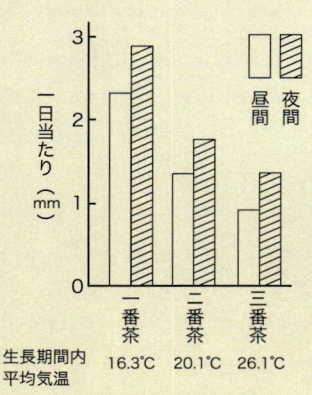

図5　昼夜間の茶芽の生長
（静岡茶試1910）原図：大石

写真19　生長した"やぶきた"成葉（14cm）

写真20　アッサム種（左）と中国種（右）

表2　葉位別（一番茶）成分含量（%）

	カテキン類	カフェイン	アミノ酸	全窒素	還元糖
一心一葉	14.3	3.5	3.1	6.5	0.8
第二葉	13.1	3.0	2.9	6.0	0.8
第三葉	12.8	2.7	2.3	5.2	1.0
第四葉	12.7	2.4	2.0	4.3	1.6
茎	6.2	1.3	5.7	4.1	2.6

三輪・他（1978）より

02 根

根は樹体を支えると同時に土から養分や水分を吸収し、さらに養分を蓄える役割をしている。褐色をした太根と中根（写真21）、それに先端部にある白い細根（写真22）からなり、細根は養水分の吸収と同時に地中の酸素を吸収し炭酸ガスを放出する。一方、木化した太根や中根は養水分の吸収はほとんど行わず、養分を貯蔵蓄積する役割をしている。根は地下10cm〜40cmの間に多く分布し、土の物理性が良ければ地下5〜6mの深さまで伸びる。根の生育に好適な温度は25℃前後で、5℃以下になるとほとんど生育しなくなる。冬になっても耐凍性は高まらず、−2℃程度で凍害が発生する。もっぱら地上部が生育しているときは地下部の生育は緩慢で、地上部の生育が終わる9月から11月にかけて最も根の生育が盛んになる（P29図6、P30図7）。摘採や整せん枝、強度の被覆は根の生長にマイナスに働く。樹勢回復のためには強度のせん枝を控え、葉を多くして日光を十分にあて、根を張らせることが重要である。根系は実生の場合と挿し木の場合とで異なり、

実生の根は直根として下に延び、のちに支根ができる（写真24）。挿し木の場合は挿し穂から発生した多くの細根（写真23）のうち数本が主要な根として発達し、そこから分岐した根が周辺に広がり根系を作る。実生の方が根が深く入る。

写真21　7年生茶樹の根部　　写真23　挿し木の発根

種子から芽と根が伸びる（5月）　支根ができる（6月）　根部形成（翌年3月）

写真24　実生の根の生長　　　写真22　細　根

25

花

　チャの花は、8月下旬から12月まで見られ、普通の栽培園では10月から11月にかけて一番目につく。開花の時刻は午前中が多く、開花後3〜5日で落花する。花弁の基部がくっついているので、ツバキのように花ごと落ちる。花弁は5〜8片で白色である。雄しべの数は130〜250本と多い。日本の品種や在来種の多くは雌しべの長さが雄しべと同等か短く、雄しべ群の中に隠れている（写真25）。中国種やアッサム種は雌しべが雄しべより長く突出している（写真26）。花にはよい香りがある。他の生物同様に、生育環境が悪くなると子孫を残すための仕組みが働き花が咲くようになる。株面の生育旺盛な芽よりも株内の細い枝に花芽ができやすい。葉芽になるか花芽になるかの分化期があり、摘採せずに置いた場合、一番茶芽では6月中旬、二番茶芽では7月中一下旬、三番茶芽は8月下旬が分化期になる。したがって、この時期に乾燥したり養分が不十分など木の生育に不利な条件になると花芽ができ、花が増える（写真27、28）。普通、一、二番茶は摘採で芽が除去されたり、栄養生長が盛んで花芽はあまり見られない。したがって、通常は出開きとなった三番茶芽の頂端部や葉腋部に花芽ができ、9月から11月にかけて花が咲く。最近は三番茶を摘採しない園が増えたので、花の咲く園がよく見られる（写真29）。花を減らすには、前記とは逆に整せん枝や潅水、施肥などを適切に行い樹勢をつけると花は減る。花は、樹勢のバロメーターともいえる。

写真25　"やぶきた"の花

写真26　アッサム種の花
雌しべが雄しべより長く突出している

写真27　花芽に分化した頂芽

写真28　葉芽として伸長した頂芽

写真29　一面に咲いたチャの花

04 果実と種子

　茶の実は、緑色の果実とその中にできる茶褐色の種子からなる。秋に花が咲き受精が行われるが、翌年3月頃まではほとんど変化しない（写真30）。肥大が目につくようになるのは4月下旬から5月上旬になってからである。7月に入ると急に大きくなり（写真31）、8月下旬には完熟期の大きさに達する。果実の中には、普通、1〜3個の球状の種子ができる。種子は9月下旬にはほぼ完熟時の大きさになり幼芽や幼根も完成する。チャは自家不和合性のため自然状態ではほとんど実はつかない。さらに、人工授粉を行っても実になるのは20〜30％に過ぎない。これは、開花から結実までに1年を要し、その間にさまざまな要因で落果するからである。特に、翌年の一番茶期前後に多くが枯死、落果する（写真32）。これは一番茶芽の旺盛な生育に伴い、養分が実の方に回らずに起こる生理的落果である。残ったものは9月にはほぼ完熟し10月から11月にかけて自然に裂開して種子が落ちる（写真33、34、35）。種子は乾燥に弱く、ほぼ二週間程度で発芽能力を失う。多く

写真30　チャの実（3月）

写真31　チャの実（7月）

写真32　5月多くの実が枯死、落下

写真33　9月（ほぼ完熟）

写真34　10月花と実が同時に見られる

写真35　11月裂開して種子が落下

の種子が株下に落ちていても、芽が出るものが少ないのはこのような理由による。そのため、種子繁殖を行うための種子を取るには、9月下旬ころに果実を取り、中の種子を取り出すか、落下したものをできるだけ早く拾い集めて冷蔵保存する（写真36）。

写真 36　地面に落ちた種子

06 チャの木の生育リズム

01 自然樹の生育リズム

. . . .

　チャの木は1年間にどのように生長するのか、摘採しない自然状態の場合を見てみる（図6）。ここでは、主に静岡県での事例を示す。萌芽の一カ月以上前、3月上旬、気温が7℃くらいになると休眠が明けて根の生長が始まる。地上部は3月下旬〜4月上旬、気温が10℃くらいになると萌芽が始まり、萌芽から新葉が1枚開くまでに12〜15日ほどかかる。以後、ほぼ5日に1枚の割合で新葉が開き、5〜7枚開くと先端の心の生育が止まり出開きになる（写真37）。その後、6月中旬頃から再び芽が伸びはじめ（写真38）、7月中旬頃に生長が止まる。9月中下旬になると三たび芽が生育をはじめ、気温が15℃以下になる10月下旬まで続く。このように春芽、夏芽、秋芽と三度芽が出て生長する。根の生育は、ほぼ地上部と逆の関係にあり、地上部の停止期に生育する。秋が最も活発で、新根が盛んに出ると同時に古い根が枯死して新陳代謝が見られる。秋の終わりから冬の間は生育を停

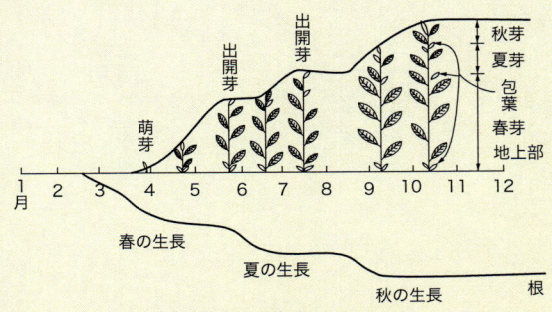

図6　自然樹の生長（幼木）
原図：大石

写真37　春芽の出開き（5月）

止して休眠する。休眠には温度と日長が関係する。休眠に入る時期は、気温 10 ～ 15℃、静岡県では 10 ～ 11 月にあたる。休眠明けは、気温が 7 ～ 8℃になる 2 月上旬から 3 月下旬で品種によっても違いがある。晩生種、中生種、早生種の順番に休眠に入り、早生、中生、晩生の順に休眠から明ける。このように早生種の休眠は浅く、晩生種は深くて長い。

写真 38　夏芽の生長（6 月）

摘採樹の生育リズム

　自然の生長に対して、摘採や整枝といった人為的な操作が加わると、それによって地上部や地下部の生育が違ってくる（図7）。春先、根から養水分が葉に送られ新芽が生長を始める。光合成によって作られた炭水化物はもっぱら新芽の生育に使われる。本来は、芽の生長が止まるとデンプンは根に送られて根の生長が始まり蓄積される。しかし、摘採が入ると、側芽の生育が促され、新たにできた新芽を育てるため養分がそちらに移行し、地下部の生育は抑えられる。さらに、二番茶以降は気温の上昇とともに夜間の気温も高くなり、呼吸による消費も加わって、養分の蓄積が進まない。このように一番茶に比べると明らかに新芽を育てる養分が少なくなり、芽長、葉数ともに少なく出開きも早くなる。三番茶では、高温に乾燥も加わり、さらに新芽の生育は進まない。これらを補うため二三番茶の生育には前年の蓄積養分も寄与する。大体の収量比率を見ると一番茶 40％、二番茶 35％、三番茶 25％となる。このような状況を修復するため、適正な施肥や潅水、病害虫防除のほかに、三番茶の摘採をやめて翌年に備えることも行われる。秋にできるだけ多くの葉をつけて光合成を活発にし、根の充実と養分の蓄積を図ることが大切になる。秋の園相の良否が翌年の収量品質を決定する。

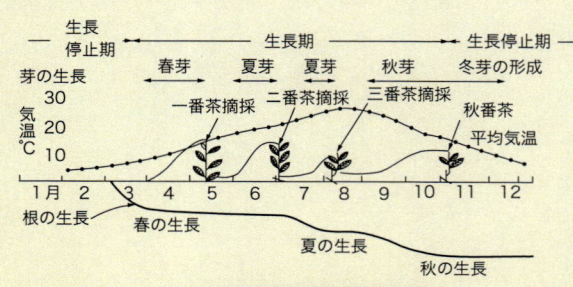

図 7　摘採樹の芽と根の生長
原図：大石

07 チャの種類の選定

　チャは一度植えると抜根、改植が大変で、一般的には 30 年以上植え替えをしないので最初に植えるチャの選定が重要になる。日本にはチャの登録品種が 138 種（2020 年 3 月現在）ある。その他に、"静 7132"（桜葉の香気を持つ）"印雑 131"（特有の香りを持つ極早生系統：写真 39）のように系統名のままで出ているものや、農家が自家用に育成したものもある。このように多種多様な種類の中からどのような基準で何を選ぶかべきか。まず、気象条件と土壌条件を考える必要がある。その土地で育つことが前提になる。品種によって耐寒性に強弱があり、晩霜地帯では芽が早く出る早生の品種は不適当である。土の質も重要で、粘土質土壌では育ちにくいものがある。同じ品種でも火山灰土壌と赤黄色土とでは生育や品質に違いが出ることもある。これらを考えると、それぞれの地域ですでに栽培されている品種を選ぶのが無難といえる。ある程度の規模で作る場合には、労働配分や茶工場の処理能力を考えて、早、中、晩生品種の組み合わせも必要になる。その中で特性を何に求めるか、いわゆるブランド作りも考える。これからは少量多品目の時代になるが、製茶機械の処理能力に左右される。生葉が少量過ぎると機械が使えない。お茶は、他の農作物と違って加工工程を経てはじめて商品になる。

　同じ品種でも作り方を変えれば緑茶、紅茶、烏龍茶など各種の茶ができるが、それぞれの茶種に適した品種が育成されている。また、味や香りに特徴のある品種、樹勢旺盛で収量の多い品種、寒さに強い品種、病害虫がつきにくい品種、さらに新芽が白、黄、紫など色が違うものもある（写真 40、41、42）。庭に植えたり、鉢植えにするなら、変わりだねを集めてみるのも楽しい。自家用であれば家庭の器具でお茶を作ることもできる。

写真 39　極早生 / 印雑 131
沖縄では 2 月下旬に一番茶がとれ、年 6 回収穫が可能

写真 40　白い芽

写真 41　黄色い芽

写真 42　紫色の芽

01 代表的な品種

　2020 年現在、全国の茶園面積は 36,922 ヘクタールである。そのうち品種が植えられているのは 97％に上り、昔ながらの在来種は 1.2％にすぎない。しかし、50 年前には在来種が 70％を占めていた（P15、写真 6）。急速に進んだ品種化の中心が "やぶきた" で、現在、その比率は 72％に達している。お茶の栽培県では、いずれも "やぶきた" が圧倒的に多いが、鹿児島県、京都府、宮崎県等ではそれ以外の品種もたくさん植えられている。さらに最近は、意識的に新品種の植付けを増やす傾向にある。以下に、主要品種に加え最近注目の品種の特性を記す。

ゆたかみどり

　"あさつゆ" の自殖から生まれたとされるが、アッサム種の特性もみられる。鹿児島県で多く作られている早生品種。樹勢が強く株張は大きい。芽重型で収量は "やぶきた" より極めて多い。挿し木の発根性もよく、初期生育も良い。裂傷型凍害に弱いので幼木期の秋肥は早めに施す。特徴のある香りを持ち、味は濃厚で渋みが強い。

さえみどり

　萌芽期が "やぶきた" より 8 日早い早生品種。樹勢はやや強。芽のそろいがよく芽数型。収量は "やぶきた" より多い。上品な新鮮香に富み、味は旨味が強く渋みが少ない。煎茶だけでなく玉露、蒸し製玉緑茶、釜炒りなどにも適し、最近、評判の品種。耐寒性は強いが、寒冷地では収量品質とも本来の特性が出ないので不適。

おおいわせ

　萌芽期が"やぶきた"より10日早い早生品種。樹勢は中程度で、芽のそろいが良好な芽数型。初期生育が旺盛で、樹高より株張が大きくなりやすい（開張型）ので、定植後2～3年目の強せん枝は避け、十分に株張後にすそ刈りを行う。凍霜害後の回復力は劣る。もち病、赤焼病、輪斑病に強い。爽快な香りと調和のとれた滋味が特徴。

あさつゆ

　1921年以前に宇治実生から選抜された古い品種。萌芽期は"やぶきた"より7日早い。香気は芳醇で、うま味に富み天然玉露の異名もある。樹勢は中程度で収量はやや少ない。初期生育がやや劣り、霜害後の回復も遅れがちで、さらに二番茶以降樹勢が落ちやすいなど栽培管理に困難が伴う。製造にあたっても技術を要するだけに希少価値が高い。

せいめい

　2020年3月に新品種登録。摘採期は"やぶきた"より4日早い。収量は、"やぶきた""さえみどり"より多い。新芽が鮮緑で、被覆栽培に適しているので、玉露、碾茶、かぶせ茶の製造に良い。

つゆひかり

　萌芽期は"やぶきた"より1日早い。樹勢は極めて強く、株張は大。定植後の活着がやや劣るため充実した苗木を選ぶ。活着後の生育は良好。芽重型で芽のそろいも良いが、芽数を増やすような仕立てやせん枝を行う。炭そ病に極めて強く、耐寒性も強。水色はエメラルドグリーンで美しく、コクのある旨味と花様の爽やかな香気がある（写真43）。

写真43　つゆひかり

暖心 37

　2021年1月品種登録された新品種。摘採が"やぶきた"より1日早い中生品種。収量は"やぶきた"より多く、煎茶、釜炒り茶に適する。炭そ病、輪斑病、クワシロカイガラムシに強く、これらの防除を必要としないので減農薬栽培に適した品種。

かなえまる

2020 年 2 月に品種登録。摘採期は "やぶきた" 同等の中生。収量は "やぶきた" より 3 割以上多い多収品種。水色が黄金色で、香味にくせがなく温和。炭そ病、輪斑病、もち病に強く、クワシロカイガラムシにも強い。被覆による生育への影響が出にくいので玉露やかぶせ茶にも適する。

めいりょく

早晩性は "やぶきた" とほぼ同じであるが、やや早めに摘む方が良品が得られる。やや開張性で、樹勢は極めて強く、株張も大きい。初期生育も良好で非常に栽培しやすい品種。芽数型で収量は "やぶきた" よりかなり多い。耐寒性は強いが裂傷型凍害にはやや弱い。香気は爽やかな清涼感がある。やや渋味や青臭味があるので、やや深蒸しにするとよい。

やぶきた

1908 年、杉山彦三郎が在来種の実生茶園から選抜。茶品種の中心的存在。直立型で樹勢はやや強。摘採期の芽揃いは極めて良好で芽数型。収量はやや多。香味のバランスがよく旨味が強い。煎茶のほか玉露、碾茶、釜炒り茶などにも適する。沖縄など気温が高い地域を除き適地は広い。山間地で幼木期に立ち枯れが発生することがある（写真 44）。

写真 44　やぶきた

さやまかおり

静岡県産の "やぶきた" 自然交雑種子から埼玉県で選抜。早晩性は中生であるが "やぶきた" よりやや早い。樹勢は強く、芽重型で芽揃いも良い。初期から生育旺盛で収量は極めて多い。冬季の耐寒性に優れ、裂傷型凍害にも強く、さらにクワシ

写真 45　さやまかおり

ロカイガラムシもつきにくいので安定的に生産できる。品質は "やぶきた" よりやや劣る（写真45）。

べにふうき

"べにほまれ" とインド種を交配してできた紅茶、半発酵茶用品種。アレルギーによるさまざまな症状（花粉症など）に対して予防効果のあるメチル化カテキンを多く含むので緑茶としても利用される。耐寒性は中程度なので東海以西が適地。発酵性がよく、紅茶として水色、香気に優れ、現在最も普及している紅茶品種。メチル化カテキンを生かすため緑茶にすると渋みが強い。発酵させるとメチル化カテキンは無くなる。

みなみさやか

アッサム種とコーカサス種（コーカサス産種子から選抜された系統）の交配による特徴的な品種。摘採期は "やぶきた" よりやや遅い中生種。直立型で樹勢が強く収量も多い。芽重型。クワシロカイガラムシ、炭そ病、輪斑病に強くこれらの防除は不要。香気（花香）に特徴があり、これを生かして紅茶や半発酵茶、釜炒り茶としても注目される。直立性が強いので低めにせん枝する。

香駿（こうしゅん）

"くらさわ" と "かなやみどり" の交配種。中生種で樹姿は開張型。芽数が極めて多く芽揃いも良好で収量は "やぶきた" よりはるかに多い。細よれで形状が整いやすく、香気は爽やかでハーブ系の清涼感がある。特有の香気を生かした煎茶、あるいは紅茶、半発酵としても注目されている。成園化につれ芽数型の傾向が強まるので更新時に高めに切る（写真46）

写真46　香駿（こうしゅん）

かなやみどり

萌芽期は "やぶきた" より4〜5日遅い。摘採期の芽揃いは良好で芽数型。耐寒性が強く裂傷型凍害にも強い。品質は個性的。外観が濃緑でやや黒みを帯びる。特有の香りをもち、味はやや渋味を感じる。個性的な煎茶や半発酵茶に向く。根が浅いため粘土質土壌

では生育が悪い。冬の寒さに強い事にも関係し、秋芽の生育停止期が早い。

おくゆたか

萌芽期は "やぶきた" より3日遅い。株張が大きく、芽重型。収量は "やぶきた" より多いが、新芽の硬化が早いので適期摘みを励行する。製茶品質に優れ、色は濃緑で新芽の節間が短いため茎が目立たず形状も良い。香気は甘い香りがあり、味は温和で旨味に富む。タンニンが少なくアミノ酸が多い。開張性のため、初回せん枝はやや高く仕立てる。

ふうしゅん

"たまみどり" の自然交雑種と "かなやみどり" の交配種。やや晩生。直立型で樹勢は極めて強く株張も大きい。芽重型であるが芽数も多い。初期から生育旺盛で収量は "やぶきた" よりはるかに多い。耐寒性は、普及している品種の中では最強。製茶品質はやや良。形状が大型になりやすく、香気や滋味の特徴に乏しい。

おくみどり

萌芽期が "やぶきた" より約1週間遅い。直立型で樹勢も強く株張もやや大きい。芽数型で、収量は "やぶきた" より多い。製茶品質は、形状もよく、香味ともにくせがなく上品な芳醇さを持つ。"やぶきた" と組み合わせてブレンドしたり単品でもよい。幼木期の裂傷型凍害防止のため秋肥は少なく早めに。更新は二番茶後に行うのがよい。

おくひかり

"やぶきた" に中国導入種を交配したもの。萌芽期は "やぶきた" より5日遅い。樹勢は強く芽重型、葉に光沢がある。耐寒性に優れ、炭そ病や輪斑病、もち病に強い。外観がよく、色は濃緑で光沢があり、締まっている。山間地で作ると味、香りに特性が発揮される。釜炒り茶にも向く。赤焼病に弱いので発生に注意が必要（写真47）。

写真47　おくひかり

べにひかり

インド、日本、中国の三元交配品種でそれぞれの特性をもつ紅茶品種。萌芽期は "や

ぶきた〟より10日遅い。樹勢は強く、株張も大きい。芽揃いもよく芽重型で収量も多い。茎が細いため摘みやすく形状も良い。紅茶用品種としては耐寒性が強く関東以南の各地で栽培が可能。発酵性がよく、水色は鮮紅色で透明感があり、特に香気に優れる。

おくはるか

萌芽期は〝やぶきた〟より8〜9日遅い晩生種。耐寒性は極めて強く、裂傷型凍害も受けにくい。樹勢が強く株張も大きい芽重型で収量も多い。桜葉様の甘い香りがあり、味もうま味と甘味がある。晩夏から晩秋にかけて生育が旺盛。関東以北の冷涼地や山間地、防霜施設のない所などでも栽培可能な品種として注目される。

02 品種茶を手に入れる方法

少量ならネット上で購入できるが、近くのJA（農協）に相談すると手配してくれる場合もある。新しく育成された品種は種苗法により保護されているので、増殖、販売などに制約があり、手続きが必要である。登録時期により育成者権存続期間が異なり、1978年12月28日〜1998年12月23日に登録された品種は18年間、1998年12月24日〜2005年6月16日の登録品種は25年間、2005年6月17日以降のものは30年間保護されている。前記で紹介した品種では、〝香駿〟、〝つゆひかり〟、〝おくはるか〟、〝せいめい〟、〝暖心37〟、〝かなえまる〟が該当し、これらの入手にあたっては育成者と許諾契約を結んでいるところから購入する必要がある。ちなみにそれぞれの登録満了年は〝香駿〟(2025年)、〝つゆひかり〟(2028年)、〝おくはるか〟(2045年)、〝せいめい〟、〝暖心37〟、〝かなえまる〟は2050年以降になる。その他はすでに登録が解除されているので、従来通り全国の苗木業者から購入できる。種苗法については、農林水産省品種登録ホームページ参照。

08 苗の増やし方

01 挿し木による方法

1 挿し木床の作り方

　穂を挿す上部6cmくらいには、挿し土（挿し穂を固定し、健全な根を出させるため肥料成分の少ない無病土）として赤黄色土を細かく振るったものを使い、その下にはあらかじめ肥料を施した畑土（発根後の根の発育を促し、養分の補給をはかるため、挿し木二、三カ月前に10m²当たり菜種粕5kgを施し、よく混ぜておく）を育苗土として準備するのが一般的である（図8）。育苗土に直接挿してもよいが、苗根腐れ病が発生することがある。土の消毒にはディ・トラペックス油剤を使うが、挿し木4週間前までに行う必要がある。土の消毒ができない場合は、苗根腐れ病を回避するため、できるだけ腐植質の少ない赤黄色土を使う。ポットやセル育苗では土ごと持ち運ぶため、軽量を加味した育苗土も考えられている。一例を示すと、ピートモスあるいはモミガラクンタンと赤黄色土を体積比（バケツやカップを使う）6：4の比率で混ぜたものなどである。小規模であれ

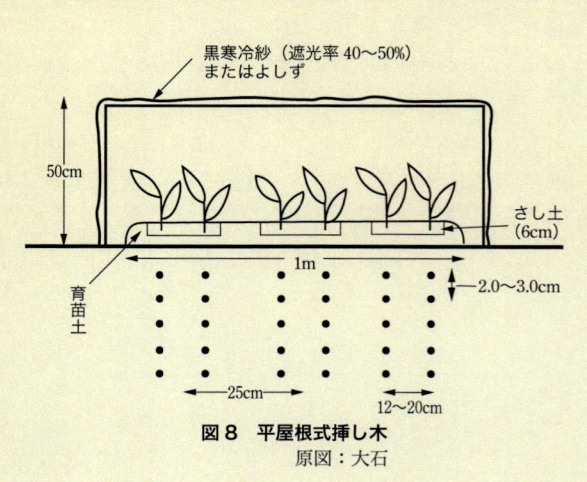

図8　平屋根式挿し木
原図：大石

ば市販の鹿沼土や赤玉土でもよい。発根までは頻繁に灌水するので保水性と通気性が良いことが重要である。

2　挿し木の時期

6月上中旬、一番茶を取らずに穂木（挿し穂のための枝）として伸ばした枝の下半分が黄褐色に変わるころが適期である。時期が遅れると挿し木後の生育が劣る。二番茶を取らずに秋まで伸ばした枝を使って9月に挿してもよい（秋挿し）。地温が20℃以下では発根が遅く、35℃以上では活着が悪くなる。

3　挿し穂の調整と挿し木の実際（図9）

挿し穂は、茎や葉が大きく、腋芽が充実した枝を選び、二節二葉とし、下の葉の3〜4cm下を鋭利な剪定鋏などで斜めに切る。挿し穂は乾燥しないように注意し、十分に灌水した挿し木床に挿す。このとき、成葉が横に並ぶ（条に直角）程度の間隔で垂直に挿す。下の葉の葉柄部分が土に潜る程度に挿すと固定する。挿し木後、穂と土が密着するよう十分に灌水する。さらに、光線透過率30〜40％になるよう寒冷紗で日覆いを作る。日覆いの高さは50cm（図8）。

4　挿し木後の管理

挿し木後発根までの一カ月間は特に水やりに気を配ることが大切である。晴天が続く

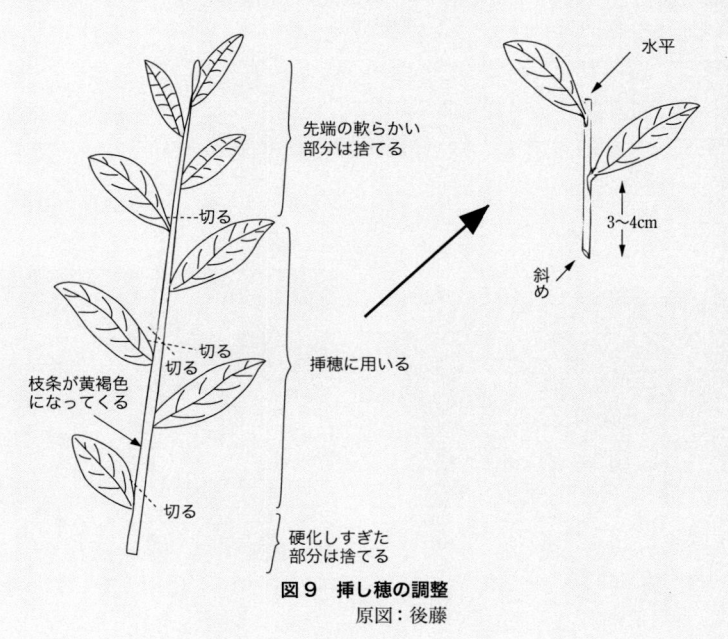

図9　挿し穂の調整
原図：後藤

場合には1日1回は潅水する。20～30日程度で発根し始め、約45日後には一次根が出そろう。発根後は3日に1回程度でもよい。施肥は、二、三次根が出る8月上旬から行う（図10）。肥料障害が出ないように一回当たりの施肥量を少なくし、窒素$20g/m^2$（硫安100g）、リン酸$12g/m^2$（重焼リン75g）、カリ$18g/m^2$（硫酸カリ35g）を8月上旬（20%）、8月中旬（30%）、9月上旬（50%）に分けて施す。肥料を散布した後は葉についた肥料を水でよく洗い落とす。日覆いは9月中旬までに曇りの日を選んで取り除く。

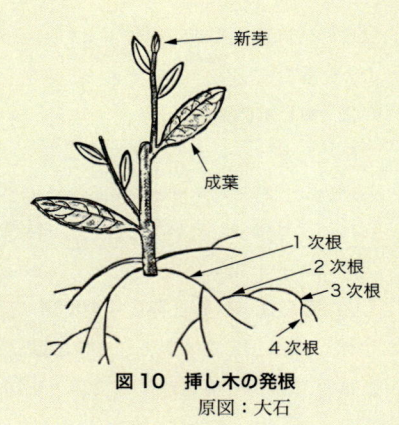

図10　挿し木の発根
原図：大石

5　ポット育苗

　最近はペーパーポットを使った大量育苗が行われ（写真48、49）、植付けの簡便化や早期成園化に役立っている。ポット苗にすることにより、定植時の断根や植え傷みが少なく活着や初期生育に優れ、さらに根が垂直方向に張りやすい。また、初期の苗の移植が可能なため、育苗期間の短縮や定植時期に幅を持たせられる。例えば、6月挿しの場合、9月には定植可能となる。通常は、翌年の3月に定植するのがよいが、いずれにしろ1年生苗が使われる。この時のポットの大きさは内径6cm、深さ15cmが適当で、それ以下に根が伸びないようにするためコンテナ育苗とする。コンテナの下に石や丸太を置き、コンテナ底面と地面の間に空間を作るとポット底面からの根の伸長が抑制される。さらに、4cm四方、深さ8cmほどのセルに培養土を入れて苗を作ることもできる。この時の穂木は一

写真48　ペーパーポット苗
写真提供：中村順行

写真49　コンテナを使ったペーパーポット育苗の挿し木

節一葉とする。各種の育苗資材はホームセンターやネット上からも入手できる。挿し木の方法は上記に準ずる。

種子をまく方法

1 採 種

9月下旬から10月に実が完熟し、10月から11月にかけて果皮が割れて種子が落ちる。種子は乾燥すると発芽しなくなるので落下したらすぐに拾う。あるいは、果皮が割れる直前（9月下旬）に実を取り、日陰に1〜2日置いて果皮を裂開させて種子を集める。種子はポリ袋に入れて冷蔵庫に保存し、翌春に蒔く。

2 播 種（はしゅ）

種子はまく前に水に浸し、浮き上がるものをのぞき、3〜5日後に取り出してまく。まく深さは秋まきの場合は5cm内外、春まきでは3cm程度とし、乾燥を防ぐため藁などをかぶせる。発芽適温は20〜25℃で、秋にまいても春にまいても発芽は5月頃からになり、遅いものは7月になって発芽する（写真50、51、52、53）。肥料は9月上旬に株から離して少量施す。生育が不ぞろいなので小さいものを間引く。以後、春、6月、9月に少量ずつ肥料を施し、土と混ぜる。

写真50　発芽直前の種子

写真51　5月（発芽）

写真52　6月（6cm）

写真53　10月（23cm）

03 根ざし

　放任園などを伐根した時、根が手に入れば、根ざしをすることもできる。根を取る時期は、貯蔵炭水化物が多い春先がよい。なお、長期間の保存が可能で、湿ったミズゴケと一緒にポリ袋に入れ、冷蔵庫に保存すれば、5年経っても発芽力は落ちない。太さが1cmくらいであれば長さ15cm、太さ2cmであれば10cm程度に切り、短いものは垂直に、長いものは斜めに上下を間違えないように挿す（図11）。先端がわずかに隠れる程度に土をかぶせ、藁などをかけて乾燥を防ぐ。水平に寝かせて土をかぶせてもよい。2か月ほどで芽や根がでる。

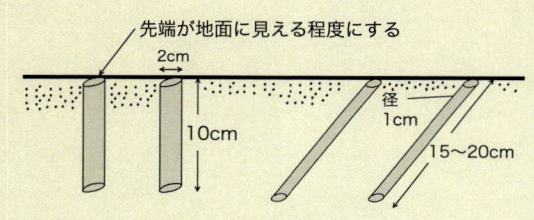

図11　根ざしの方法
原図：大石

02
植付けから茶摘みまで

01

茶園を作る

　最近は、大規模化、機械化を前提に茶園が作られる。これには重機が使われ、効率的に行われるようになり、同時に環境保全や防災も加味された茶園造成方法が確立している（『図解茶生産の最新技術—栽培編—』など）。ここでは、人力でできる小規模な茶園を考える。これまで作物が栽培されていたところでは土壌の物理性にはほぼ問題はない。ただ、地下 1 m くらいは岩盤がなく透水性が確保されていることを確認しておきたい。チャは過湿に弱い。また、最近の異常な降雨を考えると、場所によっては明きょ（側溝）やのり面の植栽（ススキなど）も必要になる。

01 事前の準備

　一般的には、チャの植付けは 3 月に行うが、その前に畑の準備が必要である。事前に土層改良のため混層耕（深さ 1 m くらいにわたり上層、下層の土をよく混ぜ合わせる）を行う。最近は、バックホウに取り付けたローターバケットにより効率的に行うことができるが、無理な場合は、植え溝作りを十分に行う。植え溝は、定植 1 〜 2 か月前に準備する。深さ 40 cm、幅 30 cm の溝を掘る。掘り上げた土は塊が自然に崩壊するよう風雨にさらす（写真 54）。

　植え溝の底が乾いてから、十分に腐熟したたい肥（5 kg/m²）や刈り草などの有機物や重焼リン（リン酸は土中で移動しに

写真 54　植え溝を掘り、底にたい肥やリン酸肥料を入れる

くいので事前に下層に施しておく）100g/m² または鶏ふん（リン酸が多い）500g/m² を入れ、土とよく混ぜ合わせたのち土をかぶせる。これらは土が乾燥している時に行う（図12）。枝や根などの粗大有機物は入れないようにする。万一白紋羽病菌がついていた場合、罹病根を全て掘り取り、他へ伝染しないよう処分（焼却、薬液浸漬、あるいは細断してゴミに出す）しなければならない。

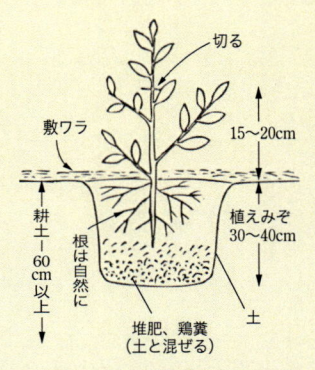

切る
敷ワラ
15〜20cm
植えみぞ
30〜40cm
耕土 60cm 以上
根は自然に
土
堆肥、鶏糞
（土と混ぜる）

図12　植付けの方法（2年生苗）

原図：大石

02 苗木の選び方

　苗は普通、二年生苗（挿し木後1年6ヵ月経過、樹高60〜80cm）を使う。幹が太く、側枝がよく伸び、健全な葉が多いものを選ぶ。とくに側枝が下からも伸び、すそにも葉が多いものがよい。根の張りがよく、木化根が2、3本あって根が30cmくらい伸びたものを選ぶ。最近はペーパーポット苗が多くみられる。1年生のペーパーポット苗は二年生の普通ざし苗に比べて小さいため、定植初期は株張や分枝数で劣るが、根の傷みが少ないため活着がよく、その後の生育が旺盛で三年目くらいには普通ざしの二年苗を上回るようになる。

03 定植の実際

　乗用型摘採機を導入する場合には、複条千鳥植え（次ページ図13、P12写真2参照）が基本になるが、ここでは単条植えについて述べる。うね幅は1.8m、株と株の間は30cmで一列に植える。この場合、10アール当たりの栽植本種は1850本となる（次ページ、表3）。うねの方向は、生育が均等になるよう平坦地では南北が一般的であり、傾斜地では土壌侵食防止面から等高線に沿って植える。定植の時期は一般に3月下旬であるが、寒冷地で寒

表 3 栽植方法と栽植本数

栽植方法＼項目	うね幅 (m)	株間 (cm)	条間 (cm)	10 アールあたり 栽植苗木本数(本)
単条植え	1.5	30〜45	—	2222〜1481
	1.8	30〜45	—	1852〜1235
複条千鳥植え	1.5	60〜90	30	2222〜1481
	1.8	60〜90	30	1852〜1235

風が吹くような場所では 4 月になってからの方がよい。さらに、6 月の梅雨の前でも水の管理が楽でよく活着する。

　実際の植付けは次の手順による。

　苗は土をつけたまま、あるいは濡れむしろやミズゴケで包んで乾かさないようにして運ぶ。特に白根は直射日光に 20 分もあてると枯死するので十分に注意する。

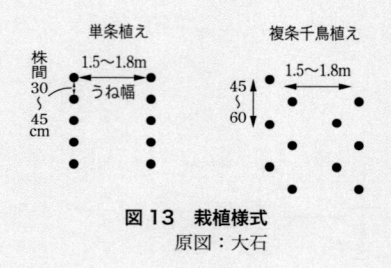

図 13　栽植様式
原図：大石

　30cm 間隔で植穴を掘り、1 穴あたり 1 ℓ 程度潅水し、苗木の根が自然の状態になるように入れ、覆土する。二人一組で一人が苗を支え、もう一人が土をかぶせるとよい。根が丸まったりねじ曲がったりしないよう植穴を広くとって丁寧に植える。深植えにならないように注意する。深植えになると上部に根が出て二段根になり生育不良になる。苗床での地際部に合わせる程度の深さにする。手や足で押さえることはせず、ホースでやや強めに散水して土と根を密着させる。散水量は、株あたり 4 〜 5 ℓ 程度。潅水で土が沈み根が露出した時は土をかぶせる。潅水後は苗の固定と乾燥を防ぐため稲藁の小束を苗の両側に置き、さらに 30cm 程度の幅に敷き藁を敷き、すそに少し土をかぶせて風で飛ばないようにする（写真 55、56、57）。

　引き続いてせん枝を行う。" やぶきた " 二年生苗では地上 15 〜 20cm の高さで主幹を切り、少なくとも葉が 10 枚程度残るようにする（写真 58）。1 年生のポット苗では地上 10cm 程度で葉が 5 枚以上残るようにして、摘心する。葉が上部だけにある場合は、葉を残して上方でいったんせん枝し、活着、萌芽後に改めて低くする。着葉数が少ないと活着が悪く、生育も遅れる。植え付けた苗は 30 日ほどで活着し 40 日ころから新根が出始める。ペーパーポット一年生苗を使うと、植穴堀りや植付けが楽になる。新植地では水系ができていないため、水は一方的に上から下へ流れる。1 〜 2 年間は、乾燥による害に注意しな

写真 55　定植の実際（1）
地下 50 cm まで土を膨軟にし、たい肥やリン酸肥料を混ぜ、埋め戻す

写真 56　定植の実際（2）
植え穴に灌水し、苗を深植えにならないように入れて土をかぶせて、十分に灌水する

写真 57　敷き藁
苗をはさむように敷き藁をする

ければならない。そのためにも、敷き藁や堆肥施用で保水力を高めておくことが重要である。なお、セル苗は根部が小さいため定植直後に倒伏しやすいので少し深植えにする。

　稲藁の入手が困難な場合はフィルムマルチを利用する方法もある。フィルムは園芸店などで入手できる。かえって簡便で経費もかからない。事前の準備（P44）をしたのち、定植一ヵ月前にマルチを張る幅に緩効性肥料を 200g/m² 施し、土と混ぜる。1m² あたり 20ℓ を目安に灌水し、半日か 1 日置いてフィルムをかぶせる。そのとき、フィルムと土面が密着するように張る。浮いていると雑草が生える。植付け穴を開け苗を植えるが、ポット苗の方が扱いやすい。翌年秋の追肥の時期（9 月上旬）までそのままでよい（写真 59）。

　鉢植えにする場合も基本は同じである。水はけのよい市販の培養土や緩効性肥料を使うとやりやすい。鉢植えで大切なのは水分管理である。チャは過湿より乾燥に強いが、水分が不足すると出開き後の芽が伸びずに花芽がつく。鉢いっぱいに根が張るため、肥料を施す際には少量ずつ分施したり、緩効性肥料を活用する。また、液肥で対応してもよい。葉の色を見ながら過不足のないよ

写真 58　せん枝
地際に敷き藁または枯れ草などを置いて乾燥を防ぎ、上部をせん枝する

写真 59　フィルムマルチ
フィルムマルチによる植付け。作業が容易で後の管理もしやすい

うに施す。肥料が不足すると花がつきやすくなる。施肥時期はおおむね畑の場合に準じ、年3〜4回とする（写真60、61、62、63、64）。

04 大苗移植

三年生以上の大苗では、中根が発生しているので6月でもよく活着する。苗を苗床から堀取る際に、根の一部が失われるため吸水力が低下している。そこで上部をせん枝して葉を減らし、蒸散を抑え、吸水とのバランスをとる。

さらに、大株を移植する場合には、冬、休眠期間の12月〜3月に行うのがよい。葉が全くない台切り程度に地上部を切除し、根も太根だけにして植え付ける。このようにすれば春には萌芽してくる。

写真 60　苗木の生育（3月）
2年生苗を植え付け、樹高15cmでせん枝

写真 61　苗木の生育（5月）

写真 62　苗木の生育（10月）
樹高75cm

写真 63　大苗の鉢植え
水を切らさないようにする

写真 64　鉢植え
2年生苗植付け3年後の状態

02 幼木期の管理

01 仕立て法

1 定植時のせん枝

定植時のせん枝は、葉面からの水分蒸散を少なくして活着をよくすることと、活着後に芽数と分枝数を増やし、早く株張が拡大することを目的に行う。主幹を強めにせん枝し、側枝は残すか弱めにするのがポイントである。また、品種の特性によって多少仕立て方を変える。なお、ポット苗（1年生苗）では、伸びた芽の下から2〜3葉残して摘心する。普通は二葉挿しであるから定芽は2本伸びているので、残す葉は5〜6枚ほどになる。

直立型品種（"やぶきた""おくみどり""おくひかり"など）の場合

上に伸びようとする性質があるため、主幹を抑え側枝を発達させる。定植時の主幹のせん枝位置を高さ15〜20cmとする。

開張型品種（"香駿""おおいわせ""かなやみどり""べにふうき"など）の場合

側枝の生育が良く、横に広がりやすいので、樹高を高めにせん枝する。せん枝位置は20〜25cm。

中間型品種（"つゆひかり""さやまかおり"など）の場合

定植時のせん枝位置は高さ20cm程度とする。

2 2年目以降の仕立て

2年目の仕立ては、定植時のせん枝位置より10cm程度上げ、3月に行う。一番茶を手摘みする場合には一番茶後に行う。3年目の春のせん枝は、直立型品種では高さ35〜40cm、開張型では40〜45cm、中間型では40cm。目安としては前年のせん枝位置から約10cm上げて水平に切る。手摘みをする場合には一番茶後に行う。生育が良好で、せん枝後に枝が徒長する場合は、6月下旬から7月上旬に、徒長枝を前のせん枝面から5cm

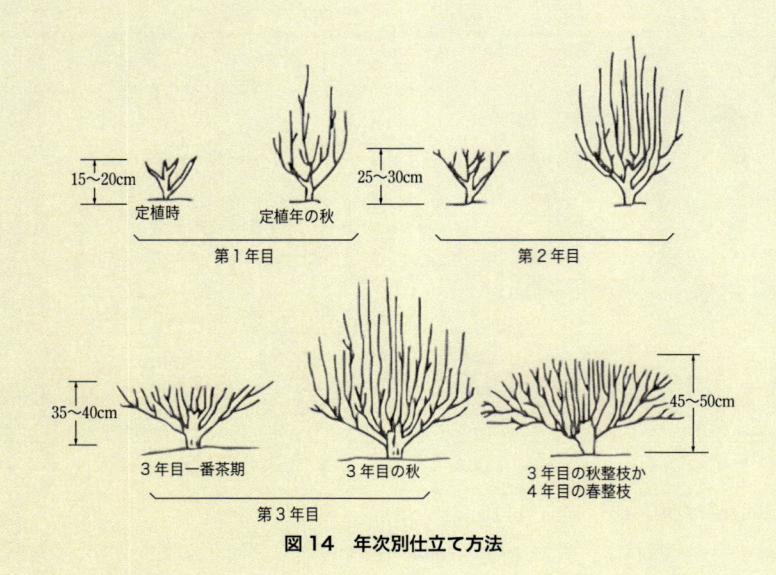

15〜20cm
定植時　　定植年の秋
第1年目

25〜30cm
第2年目

35〜40cm
3年目一番茶期

3年目の秋
第3年目

45〜50cm
3年目の秋整枝か
4年目の春整枝

図14　年次別仕立て方法

ほど上で整枝する。3年目の秋または4年目の春に直立型品種では45〜50cm、開張型は50〜55cmでせん枝し、樹冠面の形を弧状に変える。4年目になると成木園並みの大きさになるので樹形形成を考えながらせん枝する（図14）。

02 　　　　　　　　　　　　施　肥

幼木園は、根の分布が浅く根量も少ない。株元近くに多く施すと、根の部分の濃度が高くなり、根を傷める。特に新植地で有機物が少ない所では注意が必要である。

1　定植年の施肥

定植による植え傷みが起きているので、その回復を図るために施肥管理が重要。年間の施肥量として10アール（1,000m²）当たり窒素10kg、リン酸6kg、カリ7kg程度とする。施す時期と量は、定植一ヵ月後から7月までの間に窒素は2kgずつ3回に分けて施し、その都度、リン酸、カリを1kgずつ混用する。秋の施肥は、窒素4kg、リン酸3kg、カリ4kgとし、8月下旬に一回目（半量）を施し、20日後に残り半量を施す。寒冷地や裂傷型凍害の出やすい品種では、二回目を9月上旬とし、遅くまで肥料を効かせないように

する。秋遅く施肥すると、いつまでも生育が続き耐寒性が強まらない。まだ、根が浅く、肥料の影響を受けやすいので窒素成分が少ない配合肥料または肥効がゆるやかな緩効性肥料や被覆肥料を使う。施肥する位置は株元から20cmほど離れた、敷き藁の外側に施す。施肥後は浅く耕し土と肥料をよく混ぜる。労力が許せば液肥施用が効率的である。液肥（窒素15％、リン酸6％、カリ6％程度のもの）の200〜300倍液を1株当たり0.5〜1ℓ、株元に施すとよい。使う肥料によって成分量が違うので、表4を参考に必要量を計算する。

2　定植二年目以降の施肥

二年目以降は成木園の施肥量を基準に、二年目は50％、三年目は70％、四年目90％を目安とする。施す時期は、春Ⅰ（3月上〜中旬）、春Ⅱ（3月下旬〜4月上旬）、夏Ⅰ（5月中旬〜5月下旬）、夏Ⅱ（7月上旬〜7月中旬）、秋（8月中旬〜9月中旬）であるが、根が浅く、降雨の影響も受けるので、出来るだけ分施を心がける。3、4年目になるとほとんどうね間に根が広がるので、うね間全面に施し土とよく混ぜる。

表4　主要肥料の成分含量（%）

肥料名	窒素	リン酸	カリ
硫安	21.0	—	—
硝安	34.4	—	—
石灰窒素	20〜25	—	—
尿素	46.0	—	—
重焼リン	—	16.5	—
よう成リン肥	—	38.0	—
過リン酸石灰	—	16〜20	—
硝酸カリ	—	—	45〜50
魚粕(イワシ)	8.1	5.9	0.5
骨粉	3.8	23.2	0.2
菜種粕	5.0	2.5	1.2
大豆粕	6.7	1.4	2.1
米ぬか	1.7	3.3	1.2
牛糞	0.3	0.2	0.1
豚糞尿	0.5	0.2	0.5
鶏糞（乾燥）	4.0	2.8	1.2
野草（生）	0.5	0.1	0.5
稲藁	0.6	0.1	0.9
（茶）	3.5〜5.8	0.4〜0.9	2.0〜3.0

動植物由来のものは飼育や生育環境により成分が異なる

03 栽培と収穫の実際

01 摘採

　新芽は日々生長する。それによって内容成分も変わってくる。一般的にはうま味成分であるアミノ酸が多いほど美味しいとされる。葉位別の味成分（P24、表2）を見ると、アミノ酸は上位の葉に多く、下に行くにつれ減少する。カフェインは上位1〜2葉に多い。良いお茶ほど飲むと眠れなくなるのは、このためである。カテキンでは苦渋味を伴うエステル型カテキンは1心1葉の芽に多い。高級茶はうま味と共に苦渋味も伴い、お茶特有の深みのある味わいをもたらす。また、芽が大きくなると繊維が増えて形状が悪くなる。結局、摘採時期が遅くなると芽が大きくなって収量は増すが品質は低下する。両者の兼ね合いで摘採適期を決めるが、実際の流通場面では需給バランスも加味して摘採時期を加減する。良質茶が求められる時は早く取り、量が必要な時は遅く取る（図15）。

手摘み

　手摘みでは目的とする芽を選んで摘むことができる。一般的には4〜5葉開いた新芽の一心二葉あるいは一心三葉を摘む。親指と人差し指の間に芽をはさみ爪を使わずに折り取る。葉のすぐ下で折り、出来るだけ茎をつけないようにする。これを折り摘みという（写真65）。摘む能率を上げるためには、かき摘み（新芽を引っ張って上に摘み上げるようにする）やこき摘み（新芽の下部から上方へこき上げて葉をとる）などもある。

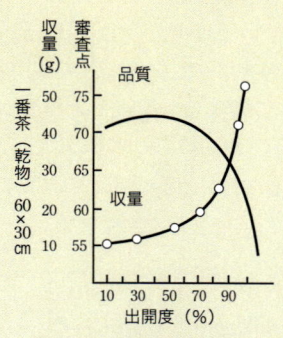

図15　収量と品質の関係
（原田らより）原図：大石

写真 65　手摘み

機械摘み

　一定面積内の新芽を一様に刈り取る。1m^2 当たりの新芽の数は 1,500 から 3,000 本。1 心 4 ～ 5 葉になった時に 1 心 3 葉程度の芽を摘むと 1 芽の重さは 0.3 ～ 1g。一定面積内（例えば 30×30cm 枠内）の新芽を摘み取って、摘採面積に換算するとおおよその収量を予測することができる。そして、得られた生葉を製茶にすると約 5 分の一になるので、仮に 10 アール 500kg の生葉が取れれば、100kg のお茶ができる。芽数と芽重は逆の関係にあり、芽数が多いと 1 芽重は少なくなる。1m^2 当たり 2,000 本を超えるくらいになると芽数型になり、さらに多くなると芽が小さくなって更新が必要になる。

　摘採適期の決め方として、一定面積内（例えば 20×20cm 枠内）の全芽数を調べ、それに占める出開き芽の割合が 50 ～ 80% になっていれば適期とする "出開き度による方法" がある。90% 以上になると品質が急速に低下する。あるいは、一番茶では新葉が 4 ～ 5 枚開き、葉の色が濃くなったときが適期である。実際の場面では、手触りや葉量、葉色から判断している。二番茶は一番茶の摘採日から見当をつけることができる。おおよそ 45 日後が摘採期になる。

　機械摘みでは、摘採の高さが重要になる。一番茶として出た新芽の下部 1 ～ 2 葉が残る深さで摘む。したがって、一心 3 ～ 4 葉を摘み取ることになる。残った葉の側芽が伸びて二番茶になる。

　二番茶は、一番茶摘採後 15 日ほどで萌芽する。その後、7 ～ 10 日で 1 葉期となり、以後 4 日ごとに 1 枚ずつ開いていき、4 ～ 5 葉で出開きになる。摘採適期は、3 ～ 4 葉期で、摘採の深さは、成葉を 1 枚残す程度にする。

　三番茶を摘採しない場合は、そこから出た側芽が、以後、来年の一番茶のために重要な役割を果たすので大事に育てなければならない（図 16）。もし三番茶も摘採する場合には、8 月上旬（静岡県）までに行う。遅れると翌年の収量に影響する。

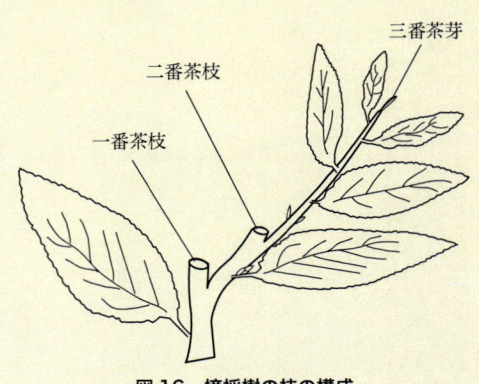

三番茶芽

二番茶枝

一番茶枝

図 16　摘採樹の枝の構成

手摘みの能率が、一人時間当たり 1 〜 2kg、はさみ摘みでも 12 〜 25kg なのに対して機械摘みの場合、可搬型摘採機（二人）で 250 〜 370kg、乗用型摘採機（一人）では 600 〜 1,000kg にもなる（写真 66、67、68）。

写真 66　はさみ摘み　　　　写真 67　可搬型摘採機　　　　写真 68　乗用型摘採機

02　整　枝

　整枝は、摘採後の遅れ芽を除去して次茶期の新芽の生育をそろえたり、古葉や木茎が混入しないように樹冠面を均一に整える作業である。再整枝（化粧ならし）、一、二番茶後整枝、秋整枝または春整枝など、年 4 〜 5 回行う。

1　再整枝（化粧ならし）

　一番茶前の茶株面には、秋から冬に伸びて硬化した芽や風によって起立した古葉などがあり、一番茶の摘採時に収穫物に混入する恐れがある。それらを刈り払うことを再整枝、あるいは " 化粧ならし " という。2 月中旬、あるいは春一番の強風が過ぎたころを目安に行う。越冬芽を切らないよう、秋整枝位置より 1cm 上で行う（写真 69、70）。

2　一番茶後の整枝

　遅れ芽を取り除き、二番茶をそろえるために行う。一番茶摘採後 10 日ほどして、遅れ

写真 69　再整枝後（2 月下旬）の茶園　　　　写真 70　3 月下旬の状態（4 月中旬摘採）

芽が出そろったころをみさだめ、一番茶の摘採位置より深くならないように注意して、丁寧に整枝する。

3　二番茶後の整枝

三番茶を摘採する場合には、一番茶後の整枝に準じ、二番茶摘採の 10 日後を目安に行う。三番茶を摘採しない場合でも、遅れ芽が目立つときは新芽の生育をそろえるため、一番茶の場合に準じて行う。整枝を行わない茶園で 8 月に入ってから徒長枝が目立つときは、徒長枝だけを軽くカットすると後の芽揃いが良くなる。

4　秋整枝

秋整枝の時期が早いほど翌年一番茶の萌芽や摘採期が早くなる。しかし、早すぎると年内に再萌芽し、芽が不ぞろいになる。再萌芽の危険がなくなる最も早い時期はいつなのかということになるが、気温の予測は困難である。そのため一応の目安として、平均気温が 18 ～ 19℃以下になった時期としている。静岡県の平坦部では 10 月上旬である。

整枝の高さは、三番茶を摘んだ場合は、その時の摘採面から、三番茶を摘まなかった場合には、二番茶の摘採面から 4 ～ 5cm 上、成葉が 2 ～ 3 枚残る程度とする。整枝の位置が高いと翌年一番茶は芽数が少なく芽重型になり、低いと芽数型になる。なお、繁茂した葉を一時に取り去ることにより、日陰にあった葉が強い日射にさらされ、葉焼けを起こすことがある。これを避けるためには、曇天に整枝する。

5　春整枝

凍霜害を避けるため一番茶の生育を遅らせたり（秋整枝の場合より 4 ～ 5 日遅れる）、干ばつなどの被害で秋までに新梢が十分に生育しなかった茶園、あるいは寒冷地では、秋整枝は行わず春に整枝する。春整枝は秋整枝に比べて芽重型になり、芽は不ぞろいになる。

整枝の高さは秋整枝に準じ、二番茶摘採面から 4 ～ 5cm 上とする。時期は寒害の恐れがなくなる 2 月下旬から 3 月上旬であるが山間部では 3 月中、下旬となる。なお、春整枝の時の葉焼けには低温が影響しているので、気温の上昇を待って行う。

03　せん枝（更新）

・・・・・・・・・・・・・・・・・・・・・・・・・・・・・・

摘採を繰り返しているうちに、枝が細くなり、芽数は増えるが、芽が小さく芽重が減ってくる。このような場合、枝の若返りを図るため、下部でせん枝する。これを更新と言っている。また、樹高が高く作業がしにくくなると樹高を切り下げる。これらの更新には四

つの方法がある（P9 の図 1 を右に再掲）。

1　浅刈り

摘採面から 3 〜 5cm の深さでせん枝する。前年秋整枝の位置よりやや下の高さになる。1 〜 2 年の枝が対象で更新効果は 1 年程度。一番茶後に浅刈りした場合、少し遅れるが二番茶の摘採も可能である。樹高を抑えるため、一番茶後に深さ 5cm 程度の浅刈りも有効である。

2　深刈り

摘採面から 10 〜 20cm の深さでせん枝する。せん枝面の残葉はほとんどなくなる深さ。一番茶後に深刈りした場合、その後に延びた枝条を対象に、7 月上旬に軽く整枝する。更新効果は 2 年程度（写真 71）。

3　中切り

地上 30 〜 50cm の幹の太いところでせん枝する。この時の枝の太さは 7mm 程度。7 月下旬に再生芽が 15cm 程度伸びたころ（せん枝 60 〜 70 日後）、中切り面より上に新葉が 2 〜 3 枚残る程度に整枝する。再生芽が 15cm 以上伸びないところではそのまま置いて、秋または春に整枝する。更新効果は 4 〜 5 年（写真 72）。

4　台切り

地際あるいは地上 10cm 程度のところで切る。回復するまで時間がかかり、現在は行われない。

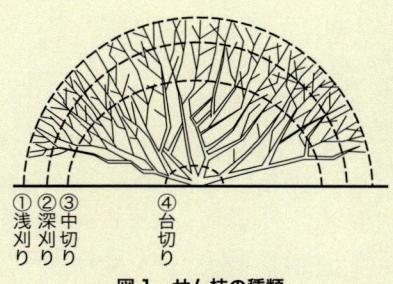

図 1　せん枝の種類
原図：大石

①浅刈り　②深刈り　③中切り　④台切り

写真 71　深刈り更新

写真 72　中切り更新

せん枝（更新）の時期は、一番茶後を原則とする。11 月下旬、茶の生育が止まるまでにできるだけ葉量を多くして樹勢の回復を図ることが重要である。なお、せん除された葉や枝は肥料になる。深刈りで刈られた葉、枝には 10 アール当たりで窒素約 12kg、中切りでは約 20kg ほど含まれている。土中にすき込むと土壌改良にも役立つ。

凍霜害の発生と防ぎ方

1　新芽の耐凍性

　チャの芽は、冬の間は耐凍性が強く、特に1〜2月は、−15℃でも被害は出ない。萌芽の二週間前あたりになると−5℃、萌芽期では−3℃、1〜2葉開葉期では−2℃以下になると被害が出る。新芽が−2℃の場合、茶株面の気温はそれより2℃高く、ほぼ0℃、さらに百葉箱（地上1.5m）の測定値は3〜5℃を示す。したがって、1〜2葉開葉期以降、気温3〜5℃になれば凍霜害が発生する危険が高いことになる。

2　凍霜害発生時の気象条件

　大陸からの冷たい移動性高気圧が日本を覆い、気温4℃以下、風速2m/秒以下が予想される場合、降霜の恐れがある。また、夕方の湿度が低く、18時の湿球温度が6℃以下で、さらに、晴れ上がり、上空に雲がなく、無風あるいは風が弱いときに霜害が発生する。

3　凍霜害が発生しやすい場所

　建築物の風下や低地のような空気が動かない場所で被害が多い。南北うねで樹冠の東側で被害が出やすく西側が少ないのは、通常、西からの気流の流れがあり、うねの西面は空気の動きがあるためである（写真73）。うねの弧状が水平に近く、樹冠面がきれいに刈りそろえられているほど、被害が出やすい。放射熱が一方的に天空に逃げるからである。したがって、秋整枝を行わず、枝葉が残っている園や自然仕立て園では凍霜害が少ない。

4　防ぐ方法

写真73　凍霜害
うねの片側に被害が出ることが多い

送風法

　凍霜害が発生する夜は放射冷却によって地表面の気温が下がり、上空の暖かい空気との間に逆転層ができる。送風法は、上空の暖かい空気を吹き降ろして、直接的に樹冠面の温度を上げて、霜害を防ぐ方法である。

　通常予想される逆転層は地上6〜8mのところに形成される。そこで、地上6mあるいは8mのところにファンを設置して、萌芽20日前から稼働させて霜害を防

ぐ。樹冠面の5cm上にセットしたサーモスタットにより3℃以下になると自動的に送風する（写真74）。ただし、効果は風の到達範囲に左右され、さらに強度の低温の時は効果が限られる。

写真74　防霜ファン

被覆法

茶株を被覆して、株面や地面からの放射熱を被覆物で吸収し、逆放射して芽の温度の低下を防ぐ方法である。

棚掛け被覆は、高さ2mほどの棚を作り、黒または灰色の被覆資材（塩化ビニール、ポリエステル、ビニロンなどで作られた寒冷紗シート）を被せる。プラス2℃ほどの保温効果があるが、遮光度が高いため、日中は取り除き葉に光を当てる必要がある。被覆栽培（脚注*1）にも使えるが、労力やコストがかかる。手軽な方法としてトンネル被覆がある。支柱を茶株面より40cmほどの高さに弧状に設置し透過率80%程の白色寒冷紗をかぶせる。日中もそのままでよいが保温効果はプラス1℃程度である。芽の早出しも兼ねられる。なお、茶株面に直に被覆物をかけただけでは防霜効果はない。

05 病虫害の被害と発生生態

チャを加害する害虫は約100種類、病気は約60種類ほどが記録されている。しかし、現在の茶園で防除の対象になっているのは害虫で15種ほど、病気は5種類程度である。主な病害虫の被害と経過習性は次の通り。

コカクモンハマキ・チャハマキ

被害　別名"ハトジ"と言われるように数枚の葉を閉じ合わせる。コカクモンハマキは、新葉があるときは、それをタテに巻く。コカクモンハマキは比較的分散しているのに対し、チャハマキは分散しないので坪枯れ状の被害になる。チャハマキの方が大きいので、閉じ合わせる葉の数も多い。

*1　摘採前5〜7日程度日光を遮ると色沢が増し、葉も柔らかくなる。かぶせ茶の味や香りを出すには二週間程度被覆する必要があるが、減収する。玉露園や碾茶園は、樹勢回復のため特別な管理を必要とする。

年4〜5回発生し、幼虫で越冬する。5月に成
虫（蛾）が現れ、コカクモンハマキは葉の裏に、
チャハマキは表面に卵塊を産み付ける。コカクモンハマキ
の卵期間は5〜7日、幼虫期間は20日、蛹期間は5〜10日。
チャハマキの卵期間は7〜13日、幼虫期間は29〜32日、
蛹期間は7〜9日。閉じ合わせた葉を開くと、幼虫は素
早く逃げる。閉じ合わせた葉の間で蛹になる（写真75〜78）。

写真75　コカクモンハマキ
雄成虫（8mm）

写真76　コカクモンハマキ
幼虫（20mm）

写真77　チャハマキ雄成虫
（12mm）

写真78　チャハマキ幼虫
（25mm）

チャノホソガ（サンカクハマキ）

被害　新葉を三角形に巻き、その中で食害、脱糞する。この巻葉が製茶に混入すると、
水色、味、香りを著しく損なう。

習性　年5〜7回発生し、蛹で越冬する。成虫は新葉にのみ産卵し、ふ化した幼虫
は表皮下に潜り込み線状にトンネルを作り、さらに葉縁に達して、それを内側
に折り曲げる。成長するとそこを脱し、新葉に移って三角に巻く。十分に発育した幼虫は、
古葉に移ってその裏で蛹になる。卵期間は3〜6日、潜
葉期間4〜10日、葉縁潜行期間3〜6日、三角巻葉期間
6〜8日、蛹期間7〜14日（写真79〜81）。

写真79　チャノホソガ成虫
（5mm）

写真80　チャノホソガ潜葉
中の幼虫（0.5〜5mm）

写真81　チャノホソガ被害
（三角巻葉）

チャノミドリヒメヨコバイ（ウンカ）

被害 成虫、幼虫とも動きが活発で、新葉や茎に口針を挿入して汁を吸う。新葉は黄化し、葉脈が褐変する。上位1〜2葉の若い葉では、葉先がしおれて黒褐変し、さらに萌芽初期から加害されると芽全体が硬化委縮し、生育を停止する。減収が著しいと同時に、被害葉を製茶すると水色が赤くなり苦渋味が強くなる。晴天乾燥が続くと被害が大きくなる。なお、被害芽（ウンカ芽）で紅茶を作ると特有の香味があり珍重される。

写真82　チャノミドリヒメヨコバイ（ウンカ）（3mm）

習性 年5〜6回発生し、茶株内で成虫で越冬する。一番茶芽が生育してくるとその茎に産卵する。5回脱皮して成虫になる。不完全変態なので蛹にはならない。以後、11月頃まで発生を繰り返す。夏季では、卵期間4〜5日、幼虫期間約10日、成虫になって3から4日後から1日に1〜8個の卵を産み、一雌の総産卵数は約40粒。成虫の寿命は約30日。越冬成虫は180日以上。成虫は黄色に誘引される（写真82、83）。

写真83　チャノミドリヒメヨコバイの被害

チャノキイロアザミウマ（スリップス）

被害 成虫、幼虫とも1mm以下と小さく、新芽内や葉裏に生息しているので、被害が現れて初めて発生に気づくことが多い。成虫、幼虫とも口器で表皮細胞に傷をつけ汁を吸うため、その部分が褐変、硬化する。包葉の内部や新葉の基部の黒褐変、先端の左右対称の褐色のすじ、葉裏の主脈や葉縁に沿った褐色のすじなどは本虫の加害によるもの。萌芽期に加害されると新芽は生育を停止し、開葉後の被害も葉の生育を遅らせる。二、三番茶期の被害はそのまま減収に結びつき、秋の被害は翌年一番茶の収量に影響する。

習性 温度によって異なるが年5〜10回発生する。茶株内の枯葉やハマキムシの巻葉内、樹皮の割れ目などで成虫が越冬する。新芽が出始めるとそれに移行し加害、産卵する。雌成虫は新葉や成葉の組織内に卵を産

写真84　チャノキイロアザミウマ幼虫（0.7mm）

みこむ。一枚の葉に 120 個以上の産卵が見られることもある。一頭の総産卵数は約 40 個で、一日に 2 〜 3 個産む。卵期間は 3 〜 5 日、幼虫期間は約 5 日、蛹は 5 〜 7 日を経て成虫になる。夏にはふ化後 10 日ほどで成虫になるので極めて繁殖力旺盛で、多発すると短期間に園相が一変する。少雨の年に多発する（写真 84、85）。

写真 85　チャノキイロアザミウマの被害

コミカンアブラムシ

被害　成虫、幼虫が群がって新芽に寄生し、吸汁する。寄生が多いと新葉は内側に巻き込み芽伸びが悪くなる。まわりの葉に排せつ物が付着し、すす病を併発することがある。

習性　年十数回発生するが、一、二番茶期に多い。多くの地域では、無翅（羽のない）雌成虫が茶芽に寄生し繁殖を続けながら越冬し、一番茶芽が萌芽、開葉すると有翅（羽がある）の雌成虫が現れ、移動して繁殖する。雌成虫は交尾せず、1 日に 3 〜 4 頭の幼虫を生み続ける。

写真 86　コミカンアブラムシの成虫（1.6mm）と幼虫（0.5mm）

直接幼虫を生むので繁殖は早い。なお、埼玉県では秋に産卵雌成虫が現れ、葉裏に産卵し、卵で越冬する。蒸し暑く湿潤な天候が続いたときや、被覆園など風通しの悪い所、くぼんだ部分に出やすい。窒素肥料を多用した園でも出やすい（写真 86）。

カンザワハダニ（アカダニ）

被害　チャにつくダニ類で最も一般的なもので、通称〝赤ダニ〟といわれる。新葉、成葉、古葉ともに葉裏に生息して吸汁加害する。新葉に寄生すると、被害部はくぼみ、黄化、褐変し、奇形となり、ひどくなると落葉する。成葉でも寄生部表面が黄化する。赤い虫体を確認すれば一目瞭然であるが、加害が進むなどして虫が見られないときには、加害部の褐変や白い脱皮殻で判別できる。被害芽を製茶すると水色が赤黒く、苦味を増す。

写真 87　越冬中のカンザワハダニ（アカダニ）体色が朱色（0.4mm）

習性　雌成虫で越冬し、休眠中は体色が朱色をしている。2 〜 3 月になると体色が赤くなり産卵を始める。発育の適温は 20 〜 25℃で、5 〜 6 月が発生のピークに

なる。発生には雨の影響が大きく、特に風を伴う雨のあとで激減する。暖冬、少雨、凍霜害後に多発する。夏葉は増殖に不適当で、一般に夏の発生は少ない。冬季以外の成虫の寿命は 20 ～ 30 日で、その間、産卵を続ける。総産卵数は 40 ～ 50 個。卵から成虫になるまでの期間は 15 日前後である。減少には天敵の影響も大きく、特にカブリダニ類の捕食能力が高い。したがって、この捕食性ダニに悪影響を及ぼす農薬をまくとカンザワハダニの異常多発生を招くことがある（写真 87）。

クワシロカイガラムシ

被害 チャに付くカイガラムシのうちで最も発生が多く被害がひどい。枝に寄生すると芽が伸びず、葉は黄化、落葉し、枯死する。幹につくと全体が衰弱し、株ごと枯れる場合もある。部分的に枝や株の葉色が急に悪くなった時には本虫の寄生を疑う必要がある。枝や幹に綿状の雄繭（おすまゆ）が見られる（写真 88）。

習性 暖地では年三回（5、7、9 月に幼虫がふ化）発生し、雌成虫で越冬する。4 月下旬ころから産卵を始め、ふ化した幼虫は樹皮の割れ目や枝の下側に定着する。雌は分散し、雄は集団で寄生する。雌は定着後移動することなく、カイガラ（分泌物で作った円形の被覆物：写真 89）の下で産卵し一生を終える。雄は白い綿状のロウ質物を出してまゆを作り、その中で蛹になる。雄成虫は羽があり飛翔して雌と交尾する。雄成虫の寿命は一昼夜と短い。雌がふ化してから成虫になるまでの期間は一、二世代で 30 日前後、秋の第三世代は 50 日程度。交尾が終わった雌は、さらに成熟し、20 ～ 30 日たって産卵する。1 雌の総産卵数は 25 ～ 75 粒。卵は 5 ～ 20 日でふ化する。これらの日数を合計すると 5 月から約 2 カ月おきに発生することになる。雄は幼虫の期間だけ加害し、雌は産卵が終わるまで吸汁を続ける。防除は、被覆物で体を覆う前の幼虫を対象に行うことが重要である。

写真 88　クワシロカイガラムシ雄繭（1.2mm）

写真 89　クワシロカイガラムシの雌成虫のカイガラ（1.7mm ～ 2.8mm）

炭そ病

被害 葉に大きな褐色病斑を作り、葉の機能を低下させ、さらに落葉によってその後の芽の生育を悪くする。潜伏期間が約 20 日と長いため、普通に摘採する場合は発病前に摘み取られ被害にはならない。発病前の葉は外観、内質とも全く正常である。三番茶以後のように摘採しない場合には、発病してその後の樹勢に影響する。特に秋の発生は、落葉により翌年一番茶の収量品質の低下を招く。

発病経過 病原菌は植物寄生性のカビの一種。病斑内の菌糸で越冬し、病斑上に作られた胞子（4〜5μm、1μm=1/1,000mm）が雨滴と共に飛散し、開葉間もない新葉の裏にある毛じから侵入する。その際、10 時間以上濡れていることが条件になる。うまく葉の中に侵入し、感染が成立すると 15〜20 日経過して網目状の褐色の病斑が現れ、すぐに拡大する。病斑は古くなると灰褐色〜灰色になる。このように病斑が伝染源となって発生するが、胞子が極めて微小であるため遠方まで飛散、伝染する。

侵入は新しい毛じに限られるため新芽の上位 2、3 葉までが対象になる。さらに 10 時間以上濡れていなければ侵入できない。感染の適温は 20〜27℃。したがって、梅雨期や秋雨の時期に感染が多い。"やぶきた""さやまかおり""おおいわせ""おくみどり"などの品種が出やすい（写真 90）。

写真 90　炭そ病

|||||||||||||||||||||||||||||||||||||| その他の病害 ||||||||||||||||||||||||||||||||||||||

もち病

主に二番茶の新葉に発生する。菌が侵入してから発病までの潜伏期間は約 10 日。新芽生育初期に殺菌剤を散布（写真 91）。

輪斑病

摘採時にできた葉や茎の傷口から菌が侵入する。潜伏期間は 5 日前後。摘採後すぐに殺菌剤を散布（写真 92）。

赤焼病

秋から春に発生する。台風など雨を伴った強風後に多発。潜伏期間は約 20 日。2 月

写真 91　もち病

上中旬に殺菌剤を散布。幼木園では防風措置も有効（写真 93）。

褐色円星病（緑斑病）

古葉に発生。新葉生育期に感染し、30 ～ 40 日後に発病。新葉生育期に殺菌剤を散布（写真 94）。

白紋羽病

根に発生して株ごと枯らす。菌糸が根から根へ伝って広がる（写真 95）。

写真 92　輪斑病（切り口から侵入）

写真 93　赤焼病

写真 94　褐色円星病の緑斑症状

写真 95　白紋羽病

||||||||||||||||||||||||　無農薬茶園で発生しやすい害虫　||||||||||||||||||||||||

チャドクガ

年二回発生し、幼虫は 4 月下旬～ 6 月中旬、8 月～ 9 月中旬、成虫（蛾）は 7 月と 10 月に多く発生し、灯火に飛来する。食害と同時にかぶれを起こす衛生害虫としても問題になる。かぶれのもとになるのは、幼虫についている白い長い毛ではなく、黒いこぶに無数にある微細なガラス状の毒針。成虫にもこの毒針が付着していて触れるとかぶれる。かぶれたら抗ヒスタミン軟膏を塗る。手近に " べにふうき " 粉末茶があれば、水に溶いて塗ると症状が軽減する（写真 96、97、98）。

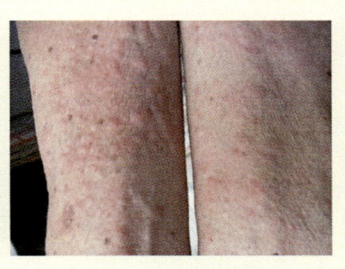

写真 96　チャドクガ
　　雌成虫（16mm）

写真 97　チャドクガ幼虫
　　　　　（25mm）

写真 98　チャドクガによるかぶれ
右："べにふうき"粉末を塗布して
症状軽減

ミノムシ

　チャミノガ、オオミノガ、ミノガの三種があるが、チャミノガが多い。年一回の発生で、夏から秋にかけて幼虫が育つ。みのの中に入った幼虫態で越冬している。少ないときは捕殺する。みのが濡れているときにスミチオンを撒くとよい（写真 99、100、101）。

写真 99　チャミノガ幼虫
　　　（15〜20mm）

写真 100　チャミノガの
　　　　ミノ（28〜40mm）

写真 101　オオミノガの
　　　　ミノ（4〜5cm）

ツマグロアオカスミカメ

　新芽に無数の吸汁痕ができ、その葉が生長すると穴があいたり奇形葉になる。卵で越冬するが、卵期間に差があり、一番茶で被害が出るところと二番茶で被害が出る地域がある。ヨモギなど多くの雑草にも付き、発生源になる。発生が心配されるところでは萌芽期〜開葉期に DDVP やスミチオンを散布する（写真 102、103、104）。

写真103　ツマグロアオカスミカメの
被害（古い被害葉）

写真102　ツマグロアオカスミカメの被害
（新しい被害葉）

写真104　ツマグロアオカスミカメ（5mm）

サビダニ類

　チャノサビダニは新葉と成葉を加害するが成葉に多い。葉の表、裏両方に寄生する。多発すると葉は暗緑色～暗褐色になり園相が一変する。一番茶後と秋に多発する。チャノナガサビダニは新葉を好み、主に葉裏に寄生する。葉裏が茶褐色になり委縮する。虫が小さい（0.1～0.2mm）ので虫眼鏡で確認する（写真105、106、107）。

写真106　チャノナガ
サビダニ（0.2mm）

写真105　チャノナガ
サビダニ被害葉

写真107　チャノサビダニ
（0.18mm）

アオバハゴロモ

卵で越冬し、5月頃から幼虫が現れ、枝や新梢に白い綿状の分泌物を出す。触ると幼虫が飛び出す。成虫は1cmほどで淡青白色、うちわ型をしていて、7月頃から見られる。寄生した枝の新葉が黄化するが、ほとんど実害はない（写真108、109）。

写真108　アオバハゴロモの幼虫
（8mm）

写真109　アオバハゴロモ成虫
（10mm）

病虫害の防除

1　防除の手段

病害虫を防ぐ方法には、化学的防除（農薬による防除）、生物的防除（天敵や昆虫の生理などを利用した防除）、物理的防除（色や光などを利用した防除、手で取る捕殺も含む）、耕種的防除（抵抗性品種や摘採など栽培管理を利用した防除）などがある。一般的に農薬による防除が主であるが、国民的な飲料である茶には、以前から格別の注意がはらわれてきた。昭和27年には、いち早くDDTの使用を禁ずる自主的指導が行われた経緯もある。茶園で使われる農薬には味や香りを損ねないよう農薬残臭期間が設定されている。現在は、これに残留許容量（一生涯取り続けても害にならない量）が加味され、農薬散布後の収穫制限期間が決められている。このように農薬に関しては二重のチェックがあり、香味を損なう異臭は、茶の取引の際の重要なチェックポイントであるだけに農家自身、農薬の使用には格別の注意を払っている。

2　農薬の特性

農薬には、害虫を防除する殺虫剤、作物の病気を防ぐ殺菌剤、雑草を枯らす除草剤、ネズミを退治する殺鼠剤などがある。

殺虫剤は、戦時下、ドイツで化学兵器として開発された経緯もあり、人をはじめ多くの生物に強い毒性を持っている。戦後、化学合成農薬出現当初には、ほとんどの害虫に強い殺虫効果を示し、農業に一大革命をもたらした。しかし、その強力な作用は人畜に影響を及ぼすと同時に生態系を破壊し、かえって害虫の異常多発生を招くようになった。さらに、薬剤抵抗性の発達により効果の減退がみられた。初期には、有機塩素系、有機リン系、カーバメート系のような比較的単純な作用機作を持つものが主であったが、より安全性の高いものや環境負荷の少ないもの、薬剤抵抗性の発達しにくいものなど、多種多様な殺虫剤が開発され、現在に至っている。殺菌剤は、以前は銅剤のように保護効果を主体としたものであったが、最近は治療効果（感染しても発病を抑える効果）のある薬剤も開発されている。

このように最近の農薬は特異的な作用を示すものが多く、開発経費も高騰し、価格も高額になっている。経済的にかつ人や環境に安全であることを考慮しながら防除を行わなければならない。使用薬剤の特性と発生する病害虫や抵抗性の有無には常に気を配る必要がある。

以下に最近の防除暦の一例を掲げたが（表5）、年間3〜4回程度にとどめたい。仮に一回だけに限定するなら、7下旬〜8月の三番茶芽（三番茶不摘採の場合）をウンカやスリップスから守ることに重点を置くのがよい。秋に多くの健全葉を確保することが重要である。防除回数を減らすためには、ある程度害虫との共存も考えなければならない。有機栽培を行う際の基本的な考え方である。ウンカ、スリップス、ダニなどは、まさにわくように突如発生してくる。しかし、ある程度加害が進むと、エサの劣化と天敵によりいつの間にかいなくなる。生態系が安定してくれば少発生で推移するようになる。

3　農薬の安全な使い方

農薬は、農薬・肥料商や農協の販売所のような専門に扱っている場所だけでなくホームセンター、園芸店、さらにはインターネットを通じても買うことができる。しかし、その取り扱いには重々注意しなければならない。

①ラベルをよく読み、使用方法を確認する。対象作物、適用病害虫、希釈倍率、散布時期、回数（一茶期間（摘採後、次の茶期の摘採が終わるまで）に使える回数）、散布量および使用方法（散布、塗布、土壌処理など）。これらの使用方法を間違えると効果がないだけでなく残留基準値をオーバーすることがある。

②農薬は人体に有害なので体内に取り込まないよう、使用時にはマスク、帽子、ゴーグル、ゴム手袋、雨合羽などをつける。さらに風のない日を選び、常に身体を風上に置くようにして散布する。周辺（洗濯物、ペット、自動車など）への飛散にも注意する。

③散布後は、石鹸で手洗いを入念に行い、うがいと同時に顔、眼も洗う。衣服も取り換え別途洗濯する。使った器具は水で3回以上洗う。残った薬や器具を洗った水は排水溝や川には絶対に流さない。魚毒性の強いものがあるので土にまいて処分する。一度開封した瓶や袋は密閉して人目につかない鍵のかかる場所（人のいる部屋は避ける）に保管する。

表5 主要病害虫防除暦

	防除時期	病害虫名	使用農薬	希釈倍数	日数	備考
一番茶	1〜2月	クワシロカイガラムシ	プルートMC	1,000	30	発生園では2月末までに散布
	3月	カンザワハダニ	ダニゲッターフロアブル	2,000	7	
	5月中下旬（摘採後）	ハマキムシ類 カンザワハダニ	マッチ乳剤 スターマイトフロアブル	2,000 2,000	7 7	混用
	発生時	コミカンアブラムシ ツマグロアオカスミカメ ウンカ・スリップス	アクタラ顆粒水溶剤	3,000	7	
二番茶	5月下〜6月上旬（萌芽〜開葉期）	ウンカ スリップス チャノホソガ カンザワハダニ	アグリメック	1,000	7	混用
		炭疽病・もち病	ダコニール1000	700	10	
	6月下〜7月中旬（摘採後）	ハマキムシ類 ウンカ・スリップス	エクシレルSE	2,000	7	
三番茶（不摘採の場合）	7月下〜8月上旬（萌芽〜生育期）	ウンカ・スリップス	ウララDF	1,000	7	炭疽病発生園では混用
		炭疽病	スコア顆粒水和剤	2,000	7	
	8月下〜9月上旬（生育期）	ハマキムシ類 ウンカ・スリップス チャノホソガ	グレーシア乳剤	2,000	14	炭疽病発生園では混用
		炭疽病	オンリーワンフロアブル	2,000	7	
秋芽生育期	9月〜10月	ウンカ スリップス クワシロカイガラムシ	コルト顆粒水和剤	2,000	7	

誤飲を避けるため他の容器には絶対に移し替えない。

④水和剤には展着剤を加える。水に展着剤を溶かし、その後で水和剤を入れてよく混ぜる。殺虫剤と殺菌剤を混ぜる場合には、乳剤を先に溶かし後で水和剤を混ぜる。

主な農薬の特徴（上記防除歴掲載順）

プルート MC……幼若ホルモン類似剤といわれ、幼虫の脱皮や、産卵、ふ化を抑制する働きがある。クワシロカイガラムシに有効であるが作用性に特徴があるので散布時期に注意する。

ダニゲッターフロアブル……サビダニ、ホコリダニ、チャトゲコナジラミにも有効。浸透移行性（植物体内に浸透し葉液、樹液と共に移行する）はない。天敵の種類によって影響は異なるが、ミツバチに対する影響はほとんどない。

マッチ乳剤……脱皮阻害剤。キチン（昆虫の表皮を形成する主成分）の生合成を阻害することで脱皮、蛹化、羽化を阻害する。殺卵作用もある。親を経由して次世代の卵の孵化も阻害する。作用は遅効的で虫は死ぬまで摂食を続ける。

スターマイトフロアブル……ハダニのすべての発育ステージに効果がある。速効性があり残効性も比較的長い。植物体への浸透移行性はない。ミツバチはじめ、天敵類への影響は比較的少ない。

アクタラ顆粒水溶剤……葉への浸達性（表面についたものが裏まで浸み込む）があり、残効性や耐雨性に優れる。多くの吸汁性害虫に有効。ミツバチに対して 30 日間ほど悪影響がある。

アグリメック……土壌微生物由来の殺虫剤。殺虫活性が高く、広範囲の害虫に有効。速効性があるが、残効性はやや短いため、散布を急がずタイミングを見て散布する。浸達性あり。

ダコニール 1000……予防効果を主とした殺菌剤。多くのチャの病害に有効であるが、保護効果を主とするので散布が遅れないようにする。

エクシレル SE……主に蛾類幼虫に有効であるが、吸汁性害虫にも効果がある。虫は筋肉細胞が収縮して死亡する。残効は長いが植物体内への浸透移行性は弱い。ハマキムシに薬剤抵抗性の例があるので、本剤の使用は年一回程度にとどめる。

ウララ DF……吸汁性害虫に有効で、吸汁を阻害する。植物体内への浸透移行性があり、残効に優れ耐雨性もある。天敵や訪花昆虫への影響は少ない。

スコア顆粒水和剤……ジフェノコナゾールを成分とする殺菌剤。予防と治療効果を併せ持つ。浸透移行性があり、耐雨性もある。

グレーシア乳剤……浸透移行性はないが浸達性があり、残効性や耐雨性に優れる。速効性もある。ハマキムシ、シャクトリムシなどの咀しゃく性害虫（葉や茎をかじる害虫）

のほか、ウンカ、スリップス、サビダニ類、ホコリダニなど広範囲の害虫に効果を示す。ミツバチへの影響は少ない。

オンリーワンフロアブル……ステロール生合成阻害剤に属し、幅広い菌類（カビ）に効果を持つ殺菌剤。菌糸伸長を阻害する。低薬量で効果を発揮する。予防効果（侵入阻止）と同時に治療効果（菌が植物体侵入後にも効果がある）も持つ。植物体への浸透性があり耐雨性もある。連用すると耐性菌ができやすいので、作用性の異なる薬剤との組み合わせが必要。

コルト顆粒水和剤……害虫の吸汁、歩行、定着を阻害する。ウンカ、スリップスなどに加え、クワシロカイガラムシにも有効であるが定着前に散布する。植物体への浸透移行性はほとんどない。

その他に、古くから使われているスミチオンや DDVP も身近な農薬である。一般の畑では多くの害虫に抵抗性がついていて効果が不十分であるが、チャドクガやミノムシなど発生の少ない害虫には有効である。

施　肥

1　施肥の意義

施肥とは、土の持つ潜在的な生産力を生かしながら作物の能力を最大限に発揮させ、安定した収量と高品質を得るため、不足する養分を人為的に補うことである。チャの場合には、新芽を数回にわたり摘み取り園外に持ち出す。その補給が施肥の主な目的となる。では、どれだけの肥料が必要になるか。一般的には、刈り取られる生葉 100kg に含まれる成分量と、茶樹の吸収利用率（施した肥料成分に対して茶樹が吸収した量の割合）から必要な施肥量を算出している。茶期や生育程度、管理の仕方や気象条件によっても異なるが、次ページの表 6 の数字を基準にする。これを参考に各県ではそれぞれの状況に応じて施肥基準が作られる。ちなみに静岡県では、生葉 100kg を生産するのに必要な施肥量を窒素 3.0kg、リン酸 1.0kg、カリ 1.5kg とし、10 アール当たりの目標生葉生産量を 1,800kg としているので、年間施肥量は窒素 54kg、リン酸 18kg、カリ 27kg になる。さらに、土そのものを育てる必要があり、そのために有機物が不可欠である。化学肥料だけでは土は疲弊する。

表6　生葉100kg当たり成分量と必要施肥量

	生葉100kg当たり含有量（kg）	吸収利用率（%）	生葉100kg当たり必要施肥量（kg）
窒素	0.75〜1.50	40	1.88〜3.75
リン酸	0.1〜0.25	20	0.5〜1.25
カリ	0.25〜0.75	40	0.63〜1.88

2　肥料の種類

　土で不足する可能性が高い成分として窒素、リン酸、カリが肥料三要素としてあげられる。特に、窒素が重要である。

　窒素肥料……窒素は植物の生育を直接支える蛋白質や核酸など重要な成分の構成元素になると同時にアミノ酸として茶の旨味を支配する。植物の栄養素として最も要求度が高い。チャでは4月から9月にかけて生育が盛んな時期に多く吸収し、テアニンに変わり、地上部へ送られる。冬は根に蓄えられる。チャは、硝酸態窒素よりもアンモニア態窒素を好む特性がある。硝酸も吸収するが、吸収速度は遅く、窒素を多用しても野菜のように硝酸が多量に蓄積することはない。アンモニア態窒素は土に吸着されるため移動しにくいが、硝酸態窒素はほとんど吸着されず、水と共に速やかに地下水などに流亡する。窒素肥料には、硫安、硝安、尿素などの化学肥料と、魚粕、菜種粕などのような有機質肥料がある。化学肥料は速効的であるが消失も早い。有機質肥料は、土壌微生物によって無機態窒素に分解され吸収される。そのため効き目がゆるやかである。

　リン酸肥料……リン酸は植物の生育にとって不可欠の養分であるが、土に吸着されやすく、さらに土から溶け出したアルミニウムや鉄と結合して難溶性の化合物になる。しかし、チャはこの難溶性のリン酸を吸収利用できる仕組みを持っている。肥料としては重焼リン、溶成リン肥、過リン酸石灰、鶏糞などがあるが、移動しにくいので植付け時や深耕の時にできるだけ下部に施す。ただ、最近、リン酸が過剰気味であるので注意する必要がある。過剰になるとカルシウムや亜鉛の吸収が抑制され、特に亜鉛欠乏の症状（夏から秋にかけて新葉に黄緑色の斑点ができる）が出ることがある。

　カリ肥料……カリは窒素に次いで茶葉中に多い成分で、摘採により多量のカリが収奪される。カリ肥料としては主に硫酸カリが用いられる。塩化カリもあるが、チャは塩素の害を受けやすいので避けた方がよい。カリは耐寒性を高めることで知られる。過剰に施すとアンモニア態窒素の吸収を抑制したり、根の生育を阻害する。化成肥料や配合肥料を選ぶときには窒素成分が多く、リン酸、カリの割合が少ない肥料を選ぶ。

肥効調節型肥料……効き目をコントロールできるようにした化学肥料で、緩効性肥料、被覆肥料、硝化抑制剤入り肥料に分けられる。月や年単位で効き目を調節できるのでお茶など永年性作物に便利な肥料である。濃度障害も出にくく、流亡も少ない。鉢植え栽培で使うのによい。市販されている緩効性肥料には IB、CDU、ウレアホルム、グアニル尿素、オキサミドなどがある。その他に、尿素や硝安などの速効性肥料を薄膜で包んだ被覆肥料や、土の中にアンモニア態窒素を長く留まらせるため硝酸化成抑制剤を混合した肥料などもある。高価であるが便利な肥料である。それぞれの特徴を知って使う必要があるので、成書（図解　茶生産の最新技術）を参考にする。

有機質肥料……魚粕、菜種粕、大豆粕、骨粉などがある。茶園では有機質肥料がよく用いられ、窒素施用量の半分以上を有機質肥料で施す茶園も多い。これは、①土の物理性を改善する、②分解してできたアミノ酸の一部がそのままの形で吸収される、③分解産物が生理活性作用を示す、などの理由から、品質向上に役立つと考えられているからである。ただし有機質肥料は高価であり、多用すると保水力が良いため過湿になる恐れがある。一般的には化学肥料と有機質肥料をバランスよく組み合わせた有機配合肥料が使われている。

堆きゅう肥……土の腐植質を増やし、保肥力を高め物理性をよくする。バーク（樹皮）堆肥、豚ぷん堆きゅう肥、おがくず堆肥などがある。施用に当たっては十分に腐熟したものを使うことが重要である。未熟なものを使うときは、少量とし、秋から春にうね間に施し、分解が進んでから土と混ぜるようにする。通気性の良くない土に大量に施すと、かえって通気性を悪くする。施す目安としては 10 アール当たり 2 ～ 3 トン。

3　施肥時期と施肥方法

茶樹の養分吸収は生育と密接に関係している。窒素の吸収は 3 月から 11 月まで行われるが、4 月から 9 月にかけての生育が盛んな時期に多く吸収される。吸収された窒素は春〜夏には主に葉に集まり、10 月から 2 月には幹や根に蓄積される。リン酸の吸収は、4 ～ 6 月と 9 月に多く、夏は極めて少ない。吸収されたリン酸は 7 ～ 8 月には根に集中する。カリの吸収も生育の盛んな時期に多いが、特に 9 月に多い。吸収されたカリは 4 ～ 8 月は葉に、10 ～ 11 月には根に蓄積される。これら各養分の吸収特性から、図 17（P75）のように、年間 5 回に分けて施すのが一般的である。なお、一回の窒素施用量が多いと根に障害を起こしたり、吸収されずに溶脱する量も多くなるので、一回の上限は 10 アール当たり窒素成分で 10 kg 以下にする。それ以上必要な時は、20 日以上あけて分施する。チャでは硫安のようなアンモニア態窒素が多く用いられる。多用すると土壌の酸性化が進み、肥

料成分の溶脱や利用効率の悪化、さらに微生物の活力低下を招き茶樹の生育に影響が出てくる。年に一度石灰や苦土石灰を用いて酸度の矯正を図ることが必要である。石灰類を施すときには必ず土と混和する。硫安の代わりに中性肥料である硝安や尿素を取り入れるのもよい。肥料を施した場合には、必ず軽く耕し、土と混ぜることが大切である。そのままにしておくと空中に揮散する。米ぬかや菜種粕などの生を施すときは、事前にボカシ処理を行うか、土と混ぜて希釈し、同時に土中の微生物により分解を早めるようにする。

　なお、以上の記載は窒素、リン酸、カリの成分量で示したが、実際には各肥料によってそれぞれ成分含量が異なる。そのため、各肥料に含まれるこれら成分の量に基づき必要量を算出しなければならない。主要肥料の一般的な成分量は表4（P51）のようである。市販の肥料では、それぞれの袋に明記されている。例えば、窒素 10kg を硫安で施す場合には、硫安 48kg、尿素であれば 21.7kg を用意しなければならない。鉢植えなどでは、古くなったお茶も利用できる。例えば、100g のお茶は、表から計算すると硫安約 20g に相当する窒素が含まれている。

4　肥料の購入

　ホームセンター、園芸店、農協の販売所、農薬・肥料商、さらにはネットを通じて買うこともできる。少量の場合には、百円均一ショップを利用するとよい。各種肥料を小袋で買うことができる。

08　一年間の生育と作業カレンダー

　チャは、永年性の常緑樹で唯一葉を収穫の対象とする作物である。光合成の場である葉をとるので木に及ぼす影響は大きく、しかも年に数回摘採や整枝を繰り返すのでその影響は複雑である。春、休眠からあけると芽の生長が始まる。機械摘みでは、成葉 1〜2 枚残る深さで摘採する。摘採後 17〜20 日は外見上は休止状態にあるが、その後、側芽が生長をはじめ、一番茶の摘採から 45〜50 日ほどで二番茶の摘採期を迎える。二番茶摘採後は気温の上昇に伴い生長が早まり、40 日ほどで三番茶の摘採期になる。二番茶以降の芽は一番茶に比べて短く、葉も小さく出開きが早い。秋は、樹勢の回復と翌年の養分蓄積のために樹体の養生期間になる。根の生育は地上部とほぼ逆の関係にあるので、春から夏の時期は根はあまり伸びず、その分、秋に生育が旺盛で、葉で行われた光合成による澱粉を蓄え翌年にそなえる。秋は葉や根の役割が非常に重要な時期になる（P30、図7）。

図 17　主な年間の茶園管理

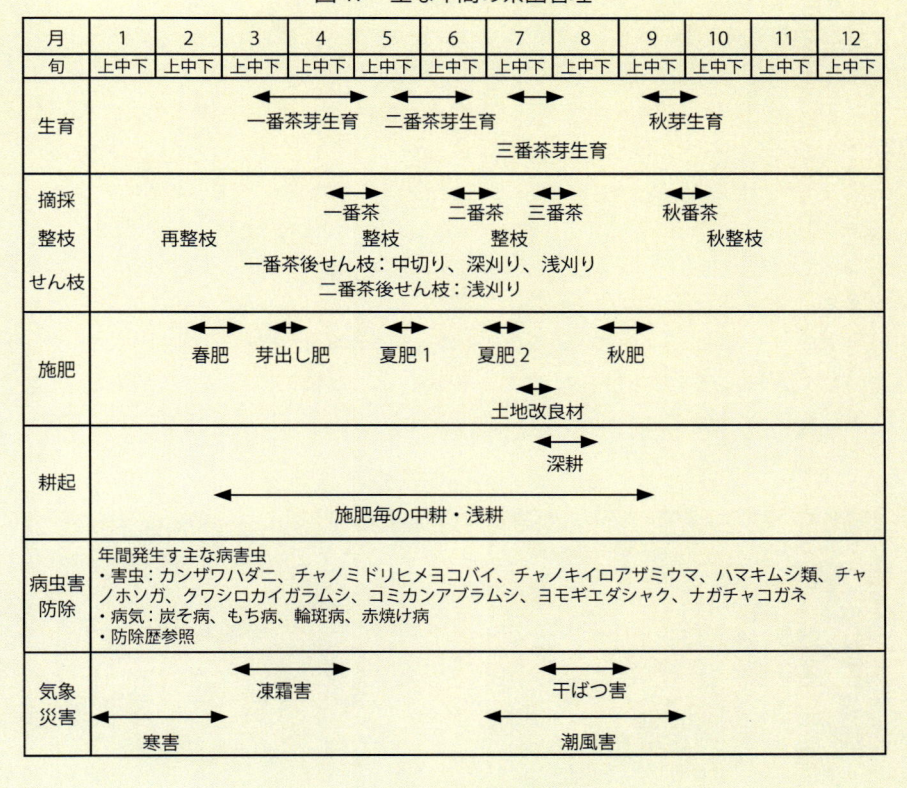

月	1 上中下	2 上中下	3 上中下	4 上中下	5 上中下	6 上中下	7 上中下	8 上中下	9 上中下	10 上中下	11 上中下	12 上中下
生育			一番茶芽生育		二番茶芽生育		秋芽生育					
				三番茶芽生育								
摘採 整枝 せん枝		再整枝	一番茶 整枝	二番茶 整枝	三番茶	秋番茶 秋整枝						
		一番茶後せん枝：中切り、深刈り、浅刈り										
		二番茶後せん枝：浅刈り										
施肥		春肥 芽出し肥	夏肥1	夏肥2	秋肥							
		土地改良材										
耕起			深耕									
		施肥毎の中耕・浅耕										
病虫害 防除	年間発生す主な病害虫 ・害虫：カンザワハダニ、チャノミドリヒメヨコバイ、チャノキイロアザミウマ、ハマキムシ類、チャノホソガ、クワシロカイガラムシ、コミカンアブラムシ、ヨモギエダシャク、ナガチャコガネ ・病気：炭そ病、もち病、輪斑病、赤焼け病 ・防除歴参照											
気象 災害		凍霜害		干ばつ害								
		寒害		潮風害								

各月の作業のポイント

2月

　新植や改植を予定しているところでは、植え溝の準備をする。植え溝の底が乾いてから、完熟たい肥、有機資材、緩効性肥料などを入れ、浅く耕し、一か月ほど土を風化させる。再整枝（化粧ならし）は、摘採面から上に出た葉だけををを軽く刈り落とす。深くならないように注意。クワシロカイガラムシ発生園ではプルートMCを散布する。この薬剤はこの時期に限定されている。

写真110　定　植

3月

　本格的な茶園管理が始まる。秋整枝を行わなかった園では3月上旬に春整枝を行う。三番茶不摘採園では、二番茶摘採位置から4～5cm上で切る。春肥は、気象予報に注意して雨の前日に施すのがよい。肥料は広く均一にまき、すぐに土と混和する。できれば2月下旬と3月上旬の二回に分けて施すとよい。さらに下旬に芽出し肥をまく。分解の速い尿素が一般的である。この時期の防除はカンザワハダニが対象になる。葉裏にいるので、散布量を増やして丁寧に散布する。新植や改植園では、定植の時期になるので苗木の準備を早めに行う。防霜ファンのチェックや被覆の準備をする。

4月

　下旬から5月にかけて一番茶の摘採期になる。芽の生育に応じた摘採計画をたてる。新芽にアブラムシなどの害虫が発生することがあるが、摘採を早めて被害を回避し、出来るだけ農薬散布を控えることが望ましい。

写真111　萌芽期（側芽が伸びる）

写真112　1葉期

写真113　2葉期

写真114　3～4葉期

5月

一番茶の摘採が終わったら、約10日後に遅れ芽を除去するため整枝を行う。一番茶の摘採面より深くならないように注意する。細い枝（マッチ棒より細い枝）が増えたら浅刈りや深刈りなどの更新を行う。秋までに葉量を多く確保するため出来るだけ早く行う。夏肥はできれば二度に分けて施す。一回目は摘採直後（可能であれば一番茶摘採直前）、二回目はその20日後。硫安などの窒素主体の肥料を施す。防除は、ハマキムシとカンザワハダニが対象になる。整枝後に行う。クワシロカイガラムシ発生園では、更新後に散布すると枝幹によくかかるので防除効果が高い。

6月

二番茶期は、病害虫防除が大切になる。萌芽から開葉期にかけてウンカ、スリップス、チャノホソガなどを対象に摘採までの制限日数が短い薬を散布する。雨期に入るので炭疽病が出やすい。例年発生する園では殺菌剤を混用する。

6月は挿し木の適期でもある。挿し穂は一番茶期から準備しておく必要がある。二番茶の摘採適期は3〜4葉期で、下に一節残した高さで刈る。残した葉の腋芽がその後の主役になる。

7月

二番茶後の整枝は、これまでの芽の不ぞろいを修正するためにも重要である。二番茶摘採の7〜10日後、遅れ芽が出そろった頃を見計らって、二番茶摘採面で整枝する。気温が上がり病害虫の多発時期になるので、芽の状態と害虫の発生状況を観察して適期適剤により防除する。7月の施肥は、前回より45日程度後になる。濃度障害を防ぎ肥効を増すためできるだけ分施したい。10アール当たり窒素10kgを20日あけて二回に分けて施す。一番茶後に更新した園では、およそ2カ月後に再生芽の整枝を行う。更新時の面から上に葉を2、3枚残す程度で切る。

8月

最近は三番茶を摘採せずに樹勢強化に重点が置かれる。健全な葉を多くつけて秋の光合成を十分に行わせるために8、9月の葉を加害する病害虫の防除が重要になる。特に少雨の年にはウンカ、スリップスが多発する。秋の根が活発に伸びる前で、かつ三番茶の生育停止期にあたる8月中旬から9月上旬は土層改良のための深耕の時期である。深耕の深さは20cm以上、表面の敷き藁や整枝残物などの有機素材をすき込むようにする。断根することになるが、物理性の改善によりその後の細根量は増える。人力（てこ鍬）による場合は重労働になるので一うね置きでもよい。深耕の前に苦土石灰を撒き、酸度を4〜5に矯正する。

9月

　秋肥は、夏までの摘採で弱った樹勢を回復させると同時に、翌年の収量品質に大きく影響する。窒素の施用量が多いので二回に分けて施す。8月下旬に一回目を施し、20日後に二回目を施すが、この間、雨が降らない場合は雨を待って施す。重ね肥による濃度障害を防ぐためである。健全な葉を多く確保するため、8月同様に病害虫防除も重要な時期である。

10月

　秋整枝が主な作業になる。三番茶を摘まなかった園では、二番茶摘採面から約4cm上（三番茶の成葉を二枚残す程度）で整枝する。よく繁茂した園で、一時の整枝で日焼けが懸念される場合は、曇りの日に行うか、あるいは、予定の整枝面より3cmほど上で切り、下の葉に光が当たるようにして、1週間後に改めて整枝する。

参 考 図 書

お茶栽培に関する市販図書には次のようなものがある（順不同）。
・日本茶全書（渕之上康元・渕之上弘子著　農山漁村文化協会発行　1999年）
・日本茶百味百題（渕之上弘子著　柴田書店発行　2001年）
・茶園管理12カ月（木村政美著　農山漁村文化協会発行　2006年）
・図解　茶生産の最新技術―栽培編（此本晴夫他著　静岡県茶業会議所発行　2006年）
・目で見る茶の病害虫（小泊重洋・堀川知廣著　静岡県茶業会議所発行　1990年）
・新版茶の品種（武田善行他著　静岡県茶業会議所発行　2019年）
・茶品種ハンドブック第6版（農研機構果樹茶業研究部門発行　2021年）
・お茶の力（袴田勝弘他著　化学工業日報社発行　2003年）

　その他に名著と言われる大石貞男の三部作（『茶の栽培』、『茶の生育診断と栽培』、『茶栽培全科』）は絶版であるが、大石貞男著作集（農山漁村文化協会発行）に収録されている。大部なものでは『茶大百科Ⅰ・Ⅱ』（農山漁村文化協会発行　2008年）もある。

　なお、主要茶産県で出されている「茶生産指導指針」は、詳細でかつ具体的に記載されていて実際場面で役立つことが多い。入手できれば利用したい資料である。

03

家庭でできる
お茶の作り方

お茶は、難しくしようとすればいくらでも難しくなる。茶禅一味というように茶の湯を禅の域まで極めようとすれば一生かかる。一方、茶碗に抹茶をいれ、湯を注ぎ茶筅で混ぜるだけでも茶の湯である。簡単にしようとすればいくらでも簡単になる。お茶を作るのも同様。ネット上では、各人各様に独自のお茶作りが動画で見られる。どうしなければならないということはない。それぞれのお茶はそれぞれの味わいがある。それを愉しめばよい。以下に述べる製法も一例に過ぎない。生葉の質・量や道具によって自ずと変ってくる。

01 生葉に湯を注いで飲む

きれいな古葉を4、5枚とって水洗いする。軽く手で揉んで傷をつけ、ポットに入れる。ショウガの小片を加え熱湯を注ぐ。10分以上置いて飲む。青臭いが、かすかな甘みと渋味がある

02 白茶を作る

白茶は、炒らない揉まない、ただ乾かすだけのお茶なので茶葉があればいつでもどこでも簡単にできる。乾く過程でわずかに発酵するので弱発酵茶ともいわれる。一心一、二葉の芽を摘んで、ざるに広げる。これを日光に当てて乾かすか、あるいは室内で乾かす。さらに大きい芽を使うこともある。2～3日乾かすが、その間、出来るだけ芽は動かさない。傷がつくと発酵する。乾燥が不十分な時は、最後にホットプレートにキッチンペーパー

を敷き、茶芽を広げ、その上にさらにキッチンペーパーをかぶせて 80℃で 30 分ほど乾燥する。加熱乾燥を行わず、自然乾燥で終わると、その後も変化して紅茶のような風味が出てくる。そのため、一年茶、三年薬、七年宝などともいわれる。もっとも簡単な飲み方は、一つまみマグカップに入れ、熱湯を注ぐ。減ればお湯を継ぎ足しながら一日愉しむことができる。古くから日本でも北陸、山陰、四国などの山間部では晩秋から初冬にかけて自生のお茶を枝ごと切り取り、軒下で乾かしてお茶にしていた。これも白茶である。

白茶いろいろ

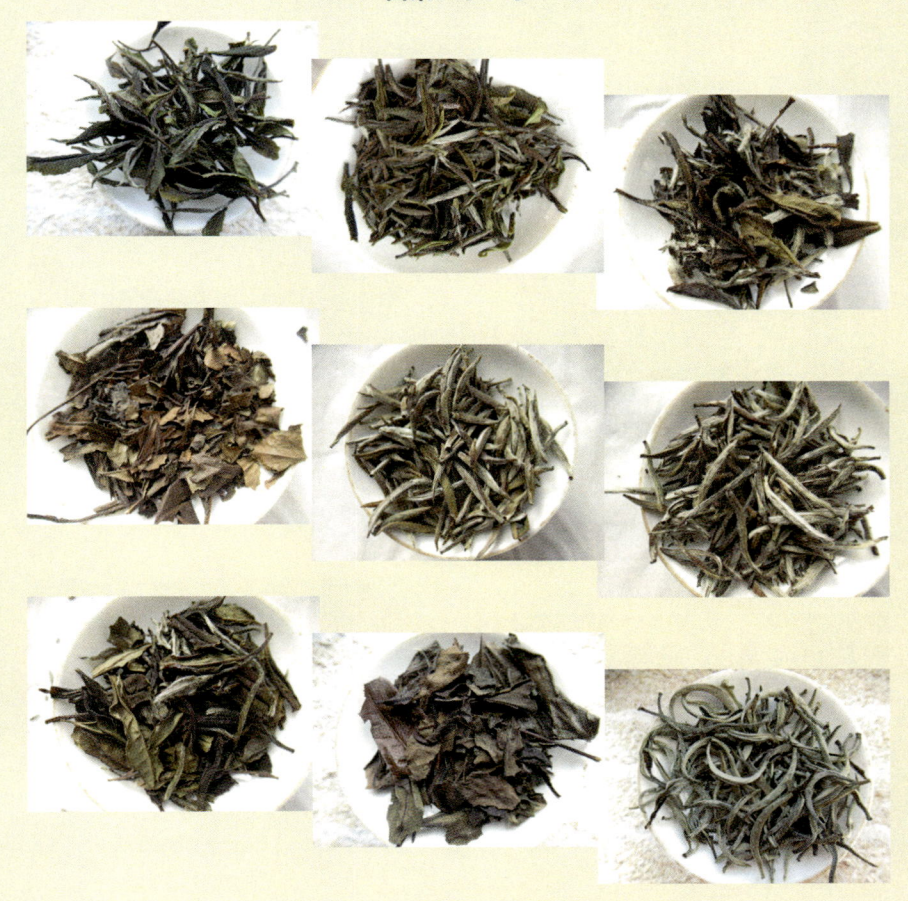

① 弱日光下の屋外と室内で乾燥（4月10日）

屋外萎凋開始（4/10　12:30）

翌日屋外19時間後（4/11　7:30）

翌々日屋外47時間後（4/12　11:00）

出来上がり（47時間後）

② 強日光下の屋外で乾燥（9月28日）

屋外萎凋開始（10:00）

1時間後（11:00）

3 時間後（13:00）

5 時間後（15:00）出来上がり

② 室内乾燥（10 月）

室内萎凋開始

65 時間後　出来上がり

03

本格的な白茶の作り方

　最近、世界的な白茶ブームでベトナムなど各地で白茶の生産が盛んになっている。本場中国でも品種や作り方に工夫が凝らされ、さまざまな白茶ができ始めている。白茶の産地、福建省政和県で以前から作られている方法は次の通りである。

　直射日光が当たらず風通しのよい室温18〜25℃、湿度70〜80%の室内で自然萎凋する。生葉を竹製の平ザル（直径約1m）に葉が重ならないように均一に広げ（500〜800g）、35〜45時間後、70%ほど萎凋したところで二枚のザルの茶葉を一枚にあわせる。80%になったところでさらにあわせて、10cmほどの厚さに積んで12時間ほど置く（葉内の水分を戻し、均一化するため）。萎凋工程は72時間以内とする。その後、65℃の乾燥機で2時

間、45℃に下げてさらに5時間。常温になったら取り出す。

　他に、日光萎凋（夏は日射が強いので行わない）と室内萎凋を組み合わせて時間短縮したものや、温風加温萎凋（福建省・福鼎市など）などもある。日本でも、空調を施した製造室で本格的な白茶が作られている。

屋内自然萎凋（福建省、政和）　　温風加温萎凋（福建省、福鼎）　　空調萎凋室（袋井市、宝玉園）

04

紅茶を作る

　紅茶も手近な道具で簡単に作ることができる。一般的には、一晩萎凋させて水分を約40％減（100gの生葉が60gになる）とするが、日光萎凋を利用すれば短時間にできる。

　①　生葉を日光に約20分あてる。日の強さにより、焼けない程度に加減する。室内に取り込み約1時間30分。芽の熟度にもよるが40〜45％重量減とする。

②　すり鉢を使って、手でよく揉む。15 ～ 20 分。量が少なく手で揉みにくいときはすりこ木を使ってもよい。あるいはビニール袋に入れて強く揉む。

③　バットなどに広げて濡らした布巾あるいはキッチンペーパーをかぶせる。25℃前後の室温に 2 時間置くと全体が赤銅色になる。室温が低いときは、コタツの中に入れたり、大きい段ボール箱に入れて日光下に置く。

④　ホットプレートにキッチンペーパーを敷き、茶葉を広げ、その上にもキッチンペーパーをかぶせて 100℃で 20 ～ 30 分殺青する。その後 80℃（保温状態）に下げて 30 分置く。茎を折って簡単に折れたり、葉を指でつぶして粉になる程度まで乾燥させて、出来上がり。

明治初期の中国紅茶の製法

明治10年に翻訳出版された中国の書『茶務僉載^{ちゃむせんさい}』に当時の中国での紅茶製法が記されている。道具を必要としないので紹介する。概略次のように書かれている。

"摘み取った芽を太陽の下で広げ、柔らかくし（曲げてもおれない程度）、取り入れて手で揉む。これを器内に移し、上を布で覆ってしばらく置く。すべてが微紅色に変わったら取り出して、再び太陽の下に広げ、半乾きにする。これを再び器内に入れて手で押さえ、布で覆う。葉が紅色になったら取り出し、太陽にさらして十分に乾燥させる"

一部アレンジして試製した（8月）

① 一心二葉の芽を採り、20分間日光にさらした後、日陰あるいは室内で1時間30分萎凋。

② 取り入れ、ビニール袋に入れて強く揉む。10分間。

③　ほぐしてバットに広げたら濡らした布巾などをかぶせ、室温（約30℃）に2時間置く。赤銅色に変色。

④　直射日光にさらして殺青と乾燥を行う。葉を指で揉んで粉になるくらいに乾燥させて出来上がり。乾燥が不十分な場合は翌日も天日で乾かす。

このような天日萎凋や天日乾燥は、現在でも中国の田舎に行くと行われている。

06 　釜炒り製緑茶を作る

緑茶では、ホットプレートを使った釜炒り風のお茶作りがよく行われる。

①　生葉を200〜300g準備する。ホットプレートの温度を200〜250℃に設定する。茶葉を入れて、箸と手（やけどをしないように軍手をする）でお茶が焦げないように絶えず持ち上げるように手早くかき混ぜながら炒る。4〜5分ほどして青臭みがなくなり、色が鮮緑色に変わり、萎れた状態になったら取り出す。ムラにならないように少量ずつ炒るとよい。マッシャーで少し押し付けるようにして葉全体に熱が通るようにしてもよい。

② 　大きめのボールやきれいな紙に移して、5〜10分間素手でお茶を揉む。最初は軽く、次第に力を入れて水分を揉み出すようにする。表面に水分がにじみ出てきたらほぐして、再びホットプレートに移す。温度は100℃に下げる。

③ 　両手でお茶を持ち上げ、水分を飛ばしつつ、かき混ぜながら揉む。10分ほどしてお茶の表面が乾いて来たら、再びボールや紙に移して、形が細くなるようにやさしく揉みこむ。この工程を2〜3回繰り返す。ポイントは、乾燥させ過ぎないこと、強く揉みすぎてべとつかせないこと、紙にこすりつけないこと。

④　お茶が乾いて揉みにくくなったら、ホットプレートから取り出し、粉をのぞく。

⑤　100〜120℃に設定したホットプレートにキッチンペーパーを敷き、その上にお茶を広げ、時々かき混ぜながら 20〜30 分乾燥させる。茎が簡単に折れるようになったら出来上がり。乾きにくいときは、上に一枚キッチンペーパーをかぶせると早く乾く。

07 蒸し製緑茶を作る

・・・・・・・・・・・・・・・・・・・・・・・・・・・・・・

家庭用の蒸し器をつかう。あるいは電子レンジを代用することもできる。

①　生葉 200 g を二回に分けて蒸す。十分蒸気が発生している蒸し器に投入し、30〜40 秒後に蓋を取って匂いを嗅ぐ。青臭さが抜け、甘涼しい香りがするようになったら取り出してザルなどに移し、ウチワであおいで冷ます。電子レンジを使う場合は、生葉にラップをかけ、1 分 30 秒ほど蒸す。

② 冷ました蒸し葉を 150℃に設定したホットプレート上で持ち上げるようにして水分を飛ばす。葉がやや黒みを帯びるようになる。

③ 100〜120℃に下げたホットプレートで水分を飛ばしながら揉むことを繰り返す。釜炒り製の③の工程に準ずる。少し表面が乾いたら、さらに温度を 80℃に下げたホットプレート上で、両手で縄をよるようにこすり合わせて水分を揉み出しながら形を作る。

④ 乾燥は、釜炒り製に準ずる。

08 ほうじ茶を作る

・・・・・・・・・・・・・・・・・・・・・・・・・・・・・・・・・

油気を取ったフライパンを準備する。緑茶に限らずどのようなお茶でもほうじ茶ができる。古くなって変質臭のするお茶でも、焙じると飲めるようになる。ほうじ茶にはカフェインが少ないと言われるが、通常の焙じ方では特にカフェインの減少は見られない。ただし、茎茶や番茶など原料となるお茶にカフェインが少ないので一般的にほうじ茶にはカフェインやカテキンが少ない。

① フライパンを強火で熱くする。

②大さじ一、二杯ほどの茶葉を均一に広げ、ゆすりながら遠火で均等に炒る。すぐに炒り香が立ち始める。古茶臭など後で着いた匂いが先に飛ぶ。まもなく焙じ香が出始め、茎が目につくようになる。

③茎が淡黄色に変わったら火を止め、余熱で 30 秒ほど炒る。

④すぐにボールや皿などに移して熱を冷ます。ほうじ茶は湿気やすいので、十分に密閉するか、少量作って早く飲み切る。

寒茶を作る

① 冬（12〜2月）虫のついていない葉を採り、水洗いする。

② 充分に蒸気の出ている蒸し器に入れる。

③ 30分間蒸す。暗緑色〜黄土色になる。

④ 取り出して揉む、あるいはそのままザルなどに広げて乾かす。葉が重ならないようにする。

⑤ 十分乾燥したら出来上がり（日の当たる室内で3〜4日）。

　飲むときは、砕いて急須に1gほど入れ熱湯を注ぎ、5分ほど置いて飲む。鍋などで煮だしてもよい。あるいは、白茶のようにマグカップに一つまみ入れ熱湯を注ぐ。フライパンで軽く炒ると香ばしくなる。

10 一株のお茶で一年を愉しむ

　庭先に一本のお茶の木を植えておくと一年中愉しむことができる。他の庭木同様に無農薬無肥料でも育つ。春、芽吹き始めたら1心2葉の芽を10本ほど採り、三日ほど室内で乾かすと白茶ができる。マグカップに入れて湯を注ぎ若葉の香りを愉しむ。

庭に植えた一株の茶の木

白茶をマグカップに入れて飲む

　一心4〜5葉に育ったら上部を1心2葉で摘み取る。30gほどあれば一回分の蒸し製煎茶ができる。早々に家庭で新茶を愉しむことができる。

家庭用蒸し器で蒸す

手で揉む

　ホットプレートで釜炒り風にしてもよい。揉み方が不十分でも乾燥すれば立派なお茶になる。7月、夏茶で紅茶を作る。一握りの生葉があれば、萎凋後、ビニール袋に入れて揉むか、すり鉢で摺る。お皿やバットに広げて濡らしたキッチンペーパーをかぶせて発酵させ、夏の日差しで殺青、乾燥させる。

すり鉢で擦る

自家製紅茶の出来上がり

　冬、大寒の頃、寒茶を作る。古葉を採り、家庭にある蒸し器で 30 分間蒸す。葉が重ならないように広げて干す。伸びた枝を切り取り、結わえて室内や軒下につるしておけば乾燥して陰干し番茶ができる。カラカラになった葉を少し揉んで小さくし、フライパンで淡褐色になるくらい炒る。独特の青臭さがあるが、まろやかな甘味がある。炒り方が不十分だと青臭さが強く飲みにくい。

　いずれのお茶も特有の味と香りがある。お茶ほど多様性に富んだ飲み物はない。先入観を持たずにそれぞれの味を愉しめばよい。
　一株のお茶の木があれば無限に愉しみが広がる。

〔著者略歴〕

小泊重洋（こどまり　しげひろ）

1940 年生まれ、大分県出身。
　岐阜大学農学部卒業、静岡文化芸術大学大学院修士課程（文化政策）修了。
　静岡県茶業試験場長、金谷町お茶の郷博物館長、茶の湯文化学会副会長、中国茶葉学会編集委員、
　国際伝統藝術研究会顧問、国内外各種茶品評会審査員、工芸作物専門技術員などを歴任。
現在、世界緑茶協会評議員、世界茶連合会名誉会長。

HOW TO GROW YOUR OWN TEA －お茶の教科書－

2025. 3. 5.　第 1 版第 1 刷発行

著　者　小 泊 重 洋

発行者　加 藤 幸 子

発行所　ジュピター書房

〒 102-0081　東京都千代田区四番町 2-1
電話　東京（03）6228-0237
FAX　東京（03）6261-3654
郵便振替口座 00140-5-323186 番
E-mail　eigyo@jupiter-publishing.com
www.jupiter-publishing.com

印刷・製本　モリモト印刷株式会社

ISBN978-4-909817-02-0

好 評 発 売 中

「とっておきのイギリスチーズ」

マティス 可奈子（著）

A5 判 並製 136 ページ　　　本体価格 2000 円＋税　　　ISBN978−4−909817−01−3

近年注目を集めつつあるイギリスチーズの魅力を紹介。
イギリス産に特化したチーズ関連書籍は本邦初です。
【内容】
・イギリスチーズの概略
・代表的なチーズ商や生産者の紹介
・イギリス人の日常生活におけるチーズの楽しみ方
・日本の食品とのマリアージュ
【著　　者】 マティス 可奈子 (Kanako Mathys)
日本、イギリスの両国でビジネス翻訳・通訳家として活
動。
・Academy of Cheese 認定パートナー講師。
・2017 年〜 2019 年、World Cheese Awards 審査員。

「和テイストで楽しむ英国アフタヌーンティー」

白雪いちご（著）

A4 変形判 並製 120 ページ　　　本体価格 1800 円＋税　　　ISBN978−4−9907483−9−5

四季折々の和菓子 × 紅 茶 × 英国菓子。
英国やスリランカの農園で紅茶や英国菓子を学んだ著者が、
四季折々の和菓子を取り入れたテーブルセッティングを提案
します。
日本と英国、伝統と新しい感性がテーブルの上でコラボす
る、美味しい楽しい 12 ヶ月。